Überraschung

Begeisterung

Vertrauen

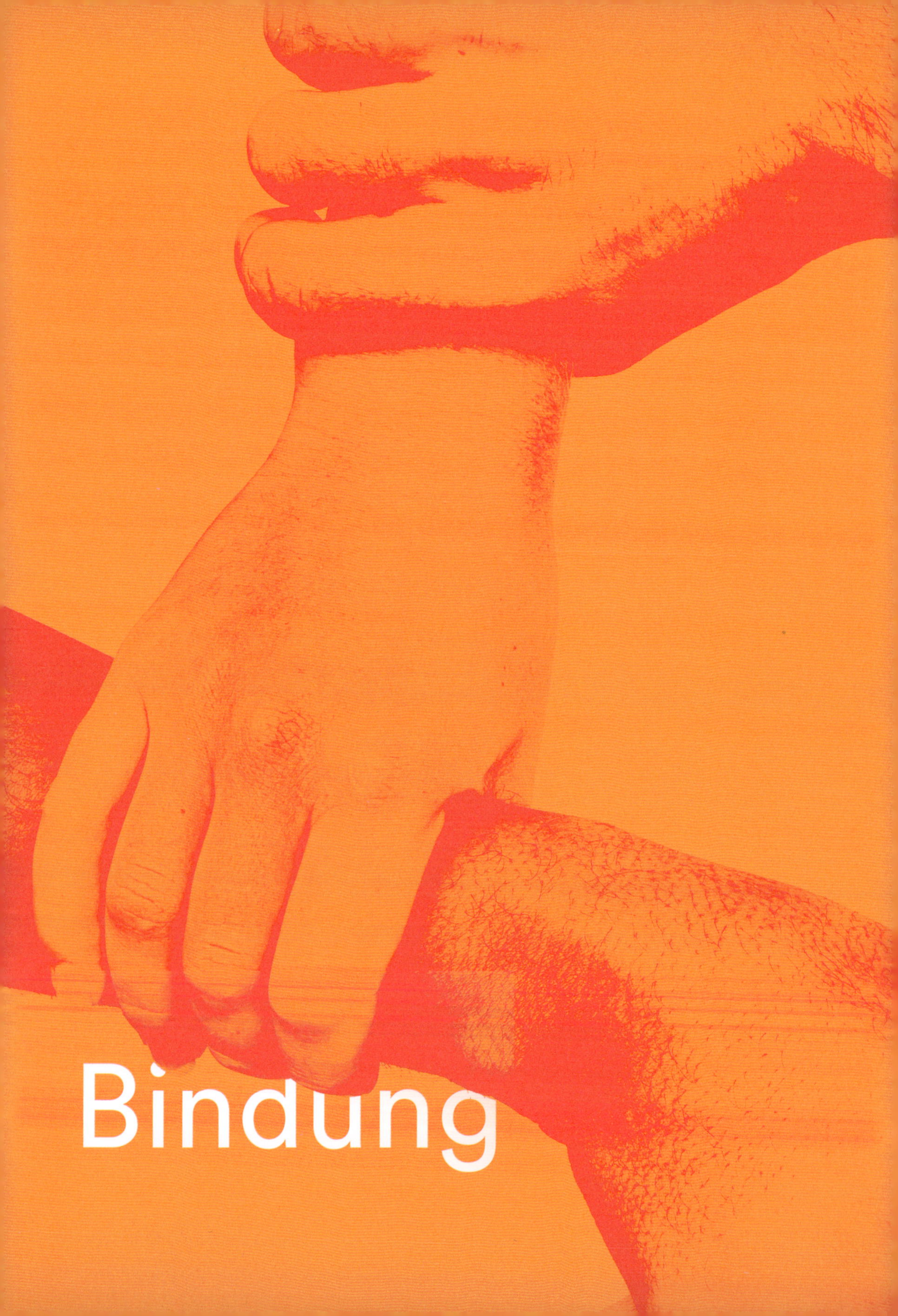

Bindung

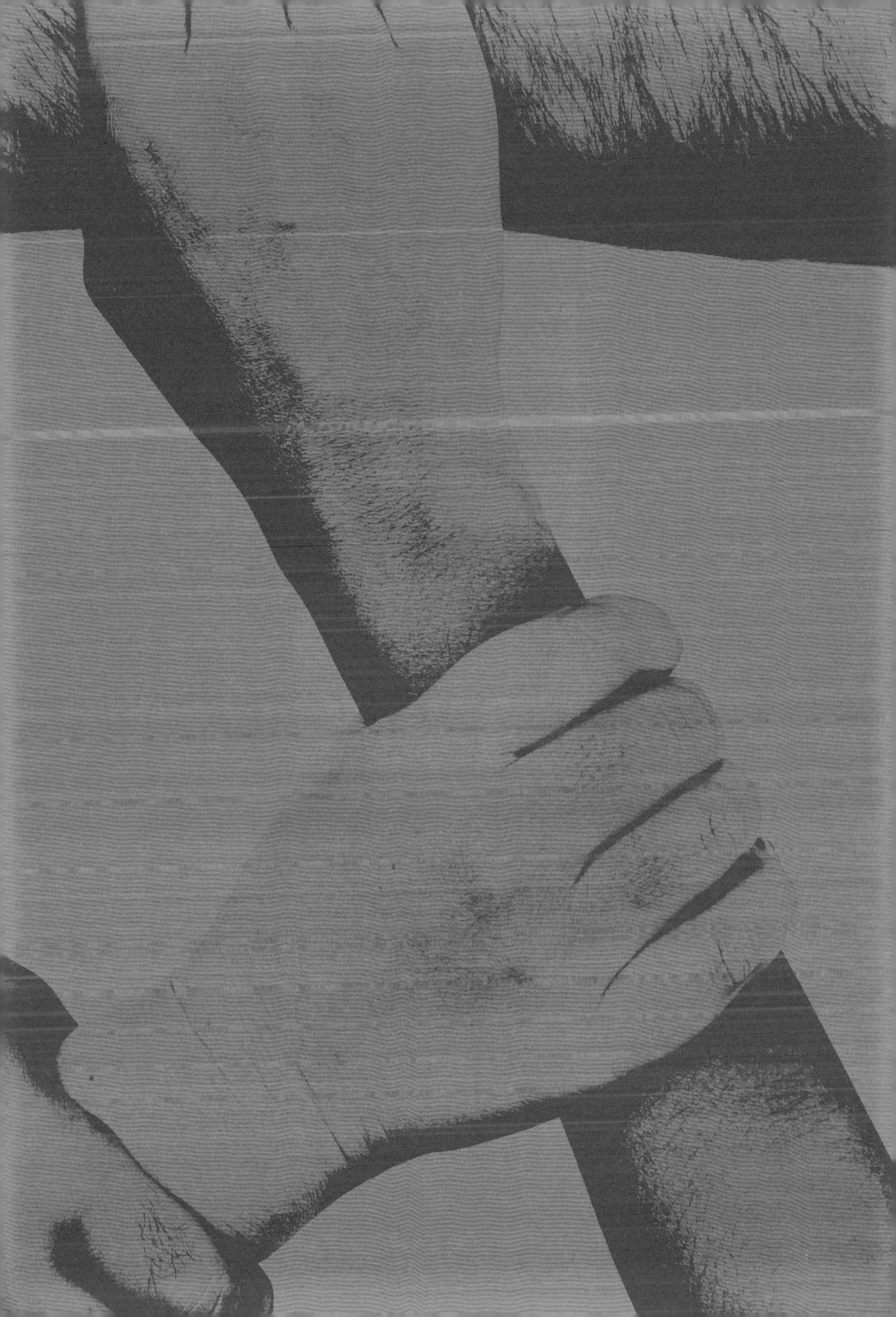

Vorwort

Liebe Leserin, lieber Leser,

so verschieden wir Menschen auch sein mögen, eins haben wir gemeinsam: Wir sehnen uns nach Liebe, nach Nähe und Geborgenheit, nach Anerkennung und nach einer glücklichen Beziehung. Warum ist das so? Die Sehnsucht nach Liebe und Partnerschaft steckt schon in unserer DNA.

Doch die Anfangseuphorie einer neuen Beziehung ist oft schnell verflogen. Und dann muss man etwas dafür tun, das Gefühl größter Zuneigung aufrechtzuerhalten. Es klingt wenig romantisch, aber eine Beziehung lebendig zu halten, ist immer auch mit Arbeit verbunden. Das gilt übrigens nicht nur für die Beziehung zwischen zwei Menschen, sondern auch für Kundenbeziehungen. Auch diese wollen gehegt und gepflegt werden. Auch hier müssen Unternehmen viel Zeit und Energie reinstecken, um den Kunden ein Leben lang zu binden. Steve Jobs hat mal gesagt: „Your customers don't care about you. They don't care about your product or service. They care about themselves, their dreams, their goals.“ Das klingt vielleicht für einige ernüchternd, aber damit hat er aus meiner Sicht recht. Darum tun wir bei der Telekom alles dafur, dass unsere Kunden ihre eigenen Träume und Ziele verwirklichen können. Das ist unsere Mission.

Wir verbinden Menschen. 300 Millionen Kundinnen und Kunden in Europa und den USA. Und wir machen zwischen den Menschen keinen Unterschied – egal wie alt sie sind, egal woher sie kommen. Unser Netz steht allen offen. Es vermittelt ein Gefühl der Verbundenheit zu Menschen, Informationen und etwas Größerem, als es der Einzelne sein kann. Die Menschen und ihre persönlichen Anliegen stehen bei uns im Mittelpunkt – ganz besonders auch im Sales- und Servicebereich. Hier arbeiten 30.000 Kolleginnen und Kollegen tagein, tagaus daran, unsere Kunden glücklich zu machen – durch eine individuelle, bedarfsgerechte Beratung. Und durch eine schnelle und empathische Lösung, falls es mal irgendwo hakt. Unser erklärtes Ziel ist es, unsere Kunden zu Fans zu machen – bei jedem einzelnen Kontakt, den wir miteinander haben. Das ist eine echte Herkulesaufgabe, aber wir versuchen sie zu bewältigen. Denn nichts ist für uns wertvoller als 300 Millionen Menschen, die sich unserer Marke loyal verbunden fühlen.

Warum es für Unternehmen so schwierig ist, das Herz der Kunden zu gewinnen, warum sich diese Anstrengungen jedoch absolut lohnen und welche Lösungsansätze es dafür gibt – genau damit beschäftigt sich dieses Buch. Experten aus ganz unterschiedlichen Bereichen teilen hier ihre Erfahrungen und ihr Wissen für die erfolgreiche Entwicklung von Kundenbeziehungen.

Ich wünsche Ihnen viel Spaß bei der Lektüre!

Herzlichst Ihr
Timotheus Höttges

CEO Deutsche Telekom AG

Inhalt

86

„Die Möglichkeiten der Mass Customization sind noch lange nicht ausgereizt“

Getreu dem Motto „underpromise – overdeliver“ haben sich die Gründer von mymuesli in ihren Anfangsjahren um ihre digitalaffinen Kunden bemüht. Und auch heute noch stehen diese an erster Stelle. Über die Erfolgsgeschichte des Cerealien-Start-ups, neue Food-Trends sowie die Unterschiede von Onlinegeschäft und Handel spricht Vorstand und Mitgründer **PHILIPP KRAISS**.

92

Menschen statt Marken

Social Selling ist mehr als ein Schlagwort. Denn die zunehmende Verschmelzung von Marketing und Vertrieb durch die Möglichkeiten von Social Media bietet enormes Potenzial für Unternehmen. Warum das so ist, wie Influencer aus den eigenen Reihen aufgestellt sein sollten und was das alles mit Vertrauen und Authentizität bei der Kaufentscheidung zu tun hat, verrät dieser Beitrag.

100

Neue Offenheit: Kundenakquise und Kundenbindung im Finanzsektor

Die Transformation der Finanzbranche kommt vor allem den Kunden zugute. Denn deren Wünsche sollten ohne Kompromisse in den Mittelpunkt des Geschäftsmodells gestellt werden, so **ERIC DUFFAUT**, ehemaliger Präsident und Global Head of Customer Organization des Finanztechnologieunternehmens Finastra. Warum ein Kulturwandel à la „Open Finance“ notwendig ist, erläutert er in seinem Beitrag.

110

„‚Geh einfach mal zu Samsung!‘ – so eine Weiterempfehlung ist durch nichts zu ersetzen“

Samsung ist einer der größten Elektronikkonzerne der Welt, der neben der Begeisterung seiner Kunden für Smartphones und Computer vor allem auf eine konsistente Markenwelt setzt. Welchen Stellenwert dabei die emotionale Kundenbindung, der Point of Sale und das eigene Vertriebsteam einnehmen, erklärt der Deutschland-Chef für IT- und Mobile Communication **OLAF MAY**.

120

„Wie wir unsere Geschäftskunden zu Fans machen und uns vom Wettbewerb abheben“

Weshalb sind begeisterte Kunden die besten Verkäufer? Welche Rolle spielen dabei digitale Lösungen? Und wie gelingt es, sich vom Wettbewerb abzuheben? 12 Impulse von **HAGEN RICKMANN**, Geschäftsführer Geschäftskunden Telekom Deutschland.

160

Auf dem Weg in neue Sphären

Der Einsatz von AR-/VR-Technologie ermöglicht ein neues Kundenerlebnis. Doch welche Art von Produkten wird mit AR gekauft? Und wie hoch könnte die Wachstumsrate für mobile AR-Anwendungen wirklich ausfallen? Umfrageergebnisse im Überblick.

162

Warum es für einen bunten Handel keinen neuen Anstrich braucht

Unternehmen, die den Unterschied zwischen Vielfalt, gerechter Teilhabe und inklusiver Kultur kennen, sind auf dem besten Weg „Diversity" zu verstehen. **DARA KOSSOK-SPIESS**, Expertin für Digitalisierung und Netzpolitik beim Handelsverband Deutschland, plädiert allerdings für mehr: die tatsächliche Implementierung eines Diversity Managements, um zukünftige Kund:innen noch besser erreichen zu können.

168

Den einzelnen Reisenden im Blick

Die Welt des Reisens verändert sich grundlegend – und das ist erst der Anfang. Immer häufiger sind Reisende auf der Suche nach dem ganz persönlichen, maßgeschneiderten Reiseerlebnis, das bleibende Eindrücke hinterlässt. Nur wer als Reiseveranstalter diese Bedürfnisse erfüllt und dabei den Einsatz für die Umwelt im Blick behält, bleibt erfolgreich im Markt.

176

Beraten, inspirieren, anleiten – und unentbehrlich werden

Do-it-yourself-Angebote für Haus und Garten gelten heute als selbstverständlich, Anfang der 1970er-Jahre glich das einer Revolution. Doch auch heute schläft die Baumarktbranche nicht. Im Gegenteil: Die digitale Transformation weiß **OBI** für sich zu nutzen. Und erschafft damit ein Kunden-Ökosystem mit großem Potenzial.

182

5 Fragen an ...

Was bedeutet Kundenorientierung eigentlich für diejenigen, die in Branchen arbeiten, bei denen es unmittelbar um den Menschen geht? Wir haben nachgefragt: beim Gründer einer Manufaktur für Spezialräder, **MAREC HASE**, bei dem Hamburger Bio-Spitzenkoch **SEBASTIAN JUNGE** und dem Informatikforscher und Seniorprofessor **KURT MEHLHORN**.

In dieser Publikation haben wir zugunsten einer besseren Lesbarkeit hauptsächlich das generische Maskulinum verwendet, womit wir immer zugleich weibliche, männliche und diverse Personen meinen. Wir sind uns bewusst, dass die Haltung zum Thema Gendern durchaus vielfältig ist – genauso wie das vorliegende Buch. Daher unterstützen wir explizit auch all jene Autor:innen, die sich dafür entschieden haben, ihre Texte in gendergerechter Sprache zu veröffentlichen.

Was das bege

Fans sind die wertvollsten Anhänger, die sich ein Unternehmen wünschen kann. Auch die Telekom möchte ihre Kunden nicht nur zufriedenstellen, sondern begeistern. Dafür setzt Ferri Abolhassan, Geschäftsführer Sales & Service, mit seinem Team auf hohe Fachlichkeit, Beratung mit Herz und eine „Day-1-Mentalität" – eine Haltung, die Bestehendes infrage stellt und radikal verbessert – jeden Tag aufs Neue, mit dem Kunden im Fokus.

Herz
hrt

Es ist Dienstagabend, kurz vor acht. Zehntausende Menschen sind auf dem Weg nach Fröttmaning, ein kleines Viertel am nördlichen Stadtrand von München. Sie tragen rotweiße Schals, Mützen oder Shirts. Und alle haben dasselbe Ziel: Sie pilgern in die Allianz Arena. Denn dort spielen gleich die Bayern gegen Inter Mailand in der Champions League. Auch ich will mir dieses Topspiel nicht entgehen lassen. Denn mein Herz schlägt schon lange für den deutschen Rekordmeister. Lange bevor die Telekom 2002 Trikotsponsor wurde, war's um mich geschehen.

Bereits als kleiner Knirps habe ich mich in den FC Bayern München verliebt. Das war Anfang der 1970er-Jahre. Dass sich dieser Verein einmal zum erfolgreichsten deutschen Fußballclub entwickeln würde – mit 31 Meistertiteln, 20 Pokalsiegen und 6 Champions-League-Titeln – habe ich damals nicht geahnt. Heute, 52 Jahre später, bin ich immer noch Fan dieses Teams. Der Trainer ist ein anderer, die Mannschaft auch. Das Spiel ist schneller und athletischer geworden. Alles ist professioneller und auch kommerzieller. Trotzdem sitze ich jetzt hier in der Allianz Arena und fiebere mit meinen Rot-Weißen mit – ganz so wie am ersten Tag.

Das Besondere an den Bayern ist dieser unbedingte Siegeswille, dieser nimmermüde Erfolgshunger, diese Überzeugung, alles schaffen zu können, dieses „Mia san Mia"-Selbstverständnis. Dafür werden sie von ihren mehr als 20 Millionen Fans in Deutschland geliebt. Und die meisten dieser Fans halten dem Klub – so wie ich – ein Leben lang die Treue. Auch dann, wenn es mal nicht so gut läuft. Das lässt uns nicht vom Verein unseres Herzens abrücken. Im Gegenteil: Das schweißt uns noch stärker zusammen.

Der wertvollste Kunde: der Fan

Echte Fans sind in der Regel extrem loyal. Sie lieben ihren Fußballclub, ihre Rockband, ihre Lieblingssängerin, ihren Lieblingsschauspieler. Sie möchten ihren Idolen so nah wie möglich sein. Sie feiern mit ihnen, sie leiden mit ihnen, sie fühlen sich als Teil von ihnen. Und das gilt – wie in allen „Liebesbeziehungen" – in guten wie in schlechten Zeiten.

Fan zu sein, ist einfach die intensivste Form der Anhängerschaft. Fans einer Marke oder eines Unternehmens kommen immer wieder und sind oft über den gesamten Kundenlebenszyklus hinweg loyal. Loyal – was heißt das eigentlich? Loyalität ist per Definition eine Gesinnung, eine innere Haltung. Sie bildet das Fundament stabiler Beziehungen – nicht nur im privaten Bereich, sondern eben auch in Kundenbeziehungen. Loyale Partner stehen füreinander ein, unterstützen sich gegenseitig, haben gemeinsame Werte und verfolgen gemeinsame Ziele.

Darum verwundert es auch nicht, dass immer mehr Firmen versuchen, sich eine Fan-Basis aufzubauen. Auch wir als Telekom verfolgen dieses Ziel: Wir wollen unsere Kunden zu Fans machen und ihnen das geben, was ihr Herz begehrt: Unsere Kunden möchten mit ihren Familien und Freunden jederzeit verbunden bleiben, über Handy, Festnetz oder Messenger. Sie wollen ohne Unterbrechung im Internet surfen. Sie wollen online streamen und gamen können. Sie wollen aus dem Homeoffice so arbeiten können, als seien sie im Büro. Und wenn es doch mal irgendwo hakt, erwarten sie, dass wir ihr Anliegen schnell lösen, gleich

DR. FERRI ABOLHASSAN

Ob beruflich oder privat, Ferri Abolhassan ist gern in Bewegung. Der gebürtige Saarbrücker ist leidenschaftlicher Ausdauersportler und geht regelmäßig joggen und Rad fahren. Dabei holt er sich nicht nur die nötige Fitness für den Job als Geschäftsführer Sales & Service der Telekom Deutschland, es kommen ihm auch immer wieder neue Ideen, wie er seinen Bereich weiterentwickeln kann. Zuvor sammelte der promovierte Informatiker internationale Management- und Vertriebserfahrung bei Siemens, IBM, SAP, IDS Scheer und T-Systems. Ferri Abolhassan ist zudem Herausgeber diverser Fachbücher, Mitglied im Digitalisierungsrat der saarländischen Landesregierung und Aufsichtsratsvorsitzender des Deutschen Forschungszentrums für Künstliche Intelligenz (DFKI).

beim ersten Mal, ohne lange Wartezeit und ohne unnötige Weiterleitungen, mit hoher Fachlichkeit, viel Empathie und klarer Kommunikation.

Bestes Netz, beste Produkte, bester Service

Denn all das kann man von einem Marktführer wie der Telekom erwarten. Darum sind die Menschen bei uns Kunden geworden. Dafür erwarten sie von uns zu Recht das beste Netz, die besten Produkte und den besten Service. Erst durch diesen Dreiklang können wir uns von unseren Wettbewerbern differenzieren und unsere Kunden zu Fans machen.

Um diese Erwartungen zu erfüllen, unternehmen wir als Telekom über alle Bereiche hinweg große Anstrengungen, um jeden Tag ein bisschen besser zu werden. Ganz so wie der FC Bayern jeden Tag auf den Trainingsplatz geht und versucht, für seine Fans noch besser zu spielen. So bauen wir zum Beispiel unser 5G-Mobilfunknetz kontinuierlich aus und erreichen bereits heute eine Abdeckung von 94 Prozent. Auch unseren Glasfaserausbau haben wir beschleunigt. Allein im Jahr 2022 haben wir zwei Millionen Haushalte versorgt. Bis Ende 2024 können dann sogar schon zehn Millionen Haushalte einen Glasfaseranschluss nutzen und schnellstmöglich im Internet surfen.

Wir verbessern aber nicht nur unsere Kernprodukte. Erst letzten Herbst ist unser neues Telekom-Loyalitätsprogramm „Magenta Moments“ gestartet. Hinter der Herz-Kachel in der MeinMagenta-App finden unsere Kunden jetzt regelmäßig kleine Aufmerksamkeiten und Geschenke: Dazu gehören Telekom-Vorteile, Partner-Angebote und Eintrittskarten für exklusive Events. In den ersten Monaten haben wir schon mehr als 40 Magenta Momente verschenkt wie etwa 100 Gigabyte zusätzliches Datenvolumen, kostenlose Konzertkarten für Robbie Williams oder ein Jahr Disney+ umsonst. Damit möchten wir unseren loyalen Kunden einfach mal Danke sagen. Und das kommt sehr gut an: Wie der sogenannte Net Promoter Score, kurz NPS, zeigt. Dieser misst, ob die Kunden uns ihren Freunden oder Bekannten weiterempfehlen. Und das tun sie! Der Wert liegt bereits bei über 46 Punkten. Das bedeutet, viele Kunden empfehlen „Magenta Moments“ in ihrem Bekanntenkreis aus Überzeugung weiter. Und nichts ist für uns wertvoller als die Mund-zu-Mund-Propaganda begeisterter Kunden. Denn die Empfehlung durch eine Person meines Vertrauens ist das glaubwürdigste und überzeugendste Argument für einen Anbieter.

Kunden brauchen Löcher, keine Bohrer

Auch bei uns im Sales- & Service-Bereich, im direkten Kundenkontakt, tun wir alles, um unsere Kunden zu Fans zu machen. Dafür versetzen wir uns in ihre Lage und denken aus ihrer Sicht. Dazu gehört, dass wir nicht das Produkt in den Vordergrund stellen. Entscheidend ist letztlich der Mehrwert, den es bietet. Denn wie heißt es so schön: Kunden brauchen keine Bohrer, Kunden brauchen Löcher. Sprich, sie möchten ein Bild aufhängen und dafür benötigen sie ein Loch in der Wand. Der Bohrer ist nur Mittel zum Zweck. Darum versuchen wir, stets den konkreten Nutzen für den jeweiligen Kunden herausstellen. Einer alleinstehenden Seniorin vermitteln wir zum Beispiel die Vorzüge unserer Mobilfunktarife anders als einem zweifachen Familienvater.

„Kunden brauchen keine Bohrer, Kunden brauchen Löcher. Sprich, sie möchten ein Bild aufhängen und dafür benötigen sie ein Loch in der Wand. Der Bohrer ist nur Mittel zum Zweck."

Denn auch Senioren und Familien wollen wir einmalige Einkaufserlebnisse bieten. Dafür haben wir viele Telekom Shops umgestaltet und in moderne, nachhaltige Erlebniswelten verwandelt. Senioren erhalten hier kostenlose Internet-Schulungen. Filmfans können MagentaTV auf einem großen Bildschirm genießen. Gamer können auf den neuesten Spielekonsolen spielen. Und Kindern bieten wir spezielle Kekz-Kopfhörer mit Hörspielen und regelmäßige Bastel-Workshops.

Wir präsentieren unsere Produkte und Services nicht nur unterhaltsam, sondern schaffen auch Raum für Begegnungen und Austausch. Unsere Kunden können in unseren Shops ganz ungezwungen zusammenkommen und eine gute Zeit haben. Damit sind unsere Shops so etwas wie ein modernes „Vereinsheim" für unsere Telekom-Fans. Hier lassen wir unser Telekom-Motto lebendig werden: „Erleben, was verbindet."

Und selbst unsere Kunden daheim versuchen wir mit überraschenden Services und Zusatzleistungen zu begeistern. Wenn unsere Servicetechniker vor Ort sind, um einen neuen Anschluss zu schalten oder einen bestehenden zu entstören, nutzen sie die Gelegenheit, unseren Kunden ein Angebot zu machen, das perfekt zu ihrem persönlichen Bedarf und Umfeld passt. So hat unser Außendienst zum Beispiel immer MagentaTV-Endgeräte wie die One-Box oder den TV-Stick dabei. Hat ein Kunde daran Interesse, weil seine Familie gern Filme und Serien streamt, installieren unsere Kolleginnen und Kollegen den Stick direkt bei ihrem Besuch und der Kunde kann sofort losschauen. Mit dieser spontanen Möglichkeit haben wir schon viele Kunden positiv überrascht.

Königsdisziplin der Kundenbindung

Doch wie schafft man es, Kunden nicht nur durch Produkte und Verträge an sein Unternehmen zu binden, sondern auch emotional? Wie gewinnt man das Wertvollste, das sie geben können – ihre Zuneigung, ihre Liebe? Sie können es sich vorstellen: Das ist weitaus schwieriger, als es klingt. Es ist sozusagen die Königsdisziplin der Kundenbindung. Viele Unternehmen scheitern schon daran, ihre Kunden zufriedenzustellen. Schon das ist – je nach Branche und Produkt – äußerst anspruchsvoll. Aber sie zu Fans zu machen, ist eine Herkulesaufgabe, die nur gelingt, wenn alle Rädchen perfekt ineinandergreifen: die Haltung und das Verhalten des gesamten Teams und seine Fachlichkeit, die Gestaltung der

Kundenprozesse und die technischen Plattformen. Vor allem aber kommt es auf die eigene Haltung an: Begegnen wir unseren Kunden mit aufrichtigem Interesse und Verständnis, lieben wir es, für sie da zu sein, und wollen wir wirklich das Beste erreichen? Nur mit ehrlich empfundener Empathie, fachlicher Kompetenz und absoluter Hingabe gelingt es, Kunden zu begeistern, ihr Herz zu berühren und sie zu Fans zu machen.

Deshalb verfolgen wir im Sales- & Service-Bereich der Telekom einen ganzheitlichen Ansatz. Bereits seit fünf Jahren arbeiten wir daran, unsere komplette Organisation, sprich unsere Mitarbeitenden, unsere Arbeitsabläufe und unsere technischen Plattformen, Schritt für Schritt ein bisschen besser zu machen. Und das entfaltet zunehmend seine Wirkung: Bevor wir 2017 mit unserer Transformation gestartet sind, haben wir unsere Kunden oft verärgert. Sie waren unzufrieden mit unserem Service – völlig zu Recht. Sie mussten zu lang an unserer Hotline warten, die wenigsten Anliegen konnten wir beim ersten Mal lösen, es gab viele unnötige Weiterleitungen und viel zu viele Techniker-Termine sind geplatzt. 4,5 Millionen Kundenbeschwerden im Jahr sprachen eine deutliche Sprache.

Heute sieht das anders aus: Über die Hälfte aller Anliegen (aktuell 56 Prozent) lösen wir gleich beim ersten Mal. Kunden, die unsere Hotline anrufen, werden sehr viel schneller durchgestellt. Und wer auf einen Techniker wartet, wird kaum noch enttäuscht: Sind früher über 10 Prozent unserer Außendienst-Termine geplatzt, sind es heute nur noch weniger als 0,6 Prozent. So ist es uns gelungen, vier Millionen Kundenbeschwerden abzubauen. Außerdem arbeiten seit Mai 2021 unsere Telekom Shops und externen Vertriebspartner viel enger mit unserem Serviceteam zusammen. So kommen unsere Kunden mehr und mehr in den Genuss eines durchgängigen Einkaufs- und Service-Erlebnisses. Und wir haben inzwischen bundesweit 14 Regiocenter aufgebaut, von denen aus wir unsere Kunden umfassend beraten – in ihrer Region und in ihrer Sprache.

Vom Basislager auf den Gipfel

Auch die Erfolge in Branchentests von Fachmagazinen wie Connect, Chip und Focus Money bestätigen uns, dass wir in den vergangenen Jahren die richtigen Themen adressiert haben: den Menschen – unsere Kunden und unsere Mitarbeitenden – in den Mittelpunkt stellen, mehr Fachlichkeit aufbauen, näher an den Kunden rücken, die Dinge einfach anders, einfach richtig machen. All diese Maßnahmen unseres „Re-Invents“ zeigen inzwischen Wirkung und haben uns auch zum führenden Serviceanbieter im Markt gemacht. Unsere 55 Millionen Mobilfunkkunden und 17 Millionen Breitbandkunden sind sehr zufrieden mit uns und haben uns erst kürzlich in 50 von 56 Großstädten zum „Service-König von Deutschland“ gewählt. Darauf sind wir stolz. Und dafür bin ich meinem Team sehr dankbar.

Aber genügt das, um die uneingeschränkte Loyalität unserer Kunden zu gewinnen? Ich bin ehrlich: Nein, das genügt nicht! Wir sind unserem Ziel zwar einen großen Schritt nähergekommen, haben es aber noch nicht erreicht. Wenn man das mit einer Bergtour vergleicht, sind wir durch unser bisheriges „Re-Invent“ erfolgreich im Basislager angekommen und haben an vielen Stellen Vertrauen gewonnen. Aber bis zum Gipfel ist es noch ein gutes Stück. Wir wollen langfristige Beziehungen aufbauen und aus zufriedenen Kunden begeisterte Kunden machen.

Wie machen wir das? Zunächst einmal halten wir dafür an unserer bewährten Sales- & Service-Formel fest: Beste Mitarbeitende und beste IT, unterstützt durch beste Transformation, führen zu bester Kundenzufriedenheit. Und daraus ergeben sich – fast automatisch – die beste Kosteneffizienz und der beste Vertriebserfolg. Denn zufriedene Kunden haben weniger Anlass, unsere Hotline erneut zu kontaktieren, dafür sind sie aufgeschlossener für zusätzliche Produkte und Leistungen.

Allerdings erweitern wir unsere Formel jetzt um ein entscheidendes Element: eine „Day-1-Mentalität". Jeder Einzelne aus unserem Team soll so neugierig und erfolgshungrig sein wie am ersten Tag. Wir wollen uns selbst und alles, was wir tun, jeden Tag aufs Neue hinterfragen – so wie beim Start unserer Transformation vor fünf Jahren. Damals hatten wir diese Aufbruchstimmung, damals haben wir jeden Stein umgedreht und versucht, alles neu zu erfinden, alles besser zu machen. Doch mit zunehmendem Erfolg schleicht sich immer auch etwas Bequemlichkeit ein. Man wird selbstzufrieden und hat nicht mehr den Biss wie am Anfang. Das letzte Quäntchen fehlt dann oft.

Doch genau daran wollen wir jetzt wieder anknüpfen. Wir wollen unsere Themen noch mutiger, radikaler und entschlossener angehen als zuletzt. Und das alles mit klarem Kundenfokus. Unser Motto lautet darum:

1 – **Lösung immer im ersten Schritt**

2 – **Verkaufen nach Bedarf**

3 – **Spaß dabei haben**

Diesen Dreiklang wollen wir für unsere Kunden mit Leben füllen – über alle Kanäle hinweg. Letztlich ist jedes Kundengespräch für uns ein neuer Test, den wir gewinnen wollen. Ganz wie bei den Bayern: Nach dem Spiel ist vor dem Spiel.

Mit Fachlichkeit punkten

Zu Punkt 1: Um das Anliegen unserer Kunden gleich im ersten Schritt lösen zu können, braucht es neben Erfahrung und Empathie vor allem die Kompetenz unserer Berater, unserer Außendiensttechniker, unserer Shop-Verkäufer, aber auch unserer Partner. Darum bauen wir die Fachlichkeit unserer Teams weiter aus, etwa mithilfe unseres neuen Führungsmodells „20-20-60". Bislang verbringen unsere Teamleiter in den Servicecentern etwa 70 Prozent ihrer Zeit mit Verwaltungs- und Steuerungsthemen. Etwa 5 Prozent ihrer Zeit investieren sie in ihre persönliche Fortbildung, in ihr Wissen und Können, das sie als Teamleiter benötigen. Somit bleiben für die Weiterentwicklung ihrer Teammitglieder nur 25 Prozent der Zeit.

„Jeder Einzelne aus unserem Team soll wieder so neugierig und erfolgshungrig sein wie am ersten Tag. Wir wollen uns selbst und alles, was wir tun, jeden Tag aufs Neue hinterfragen – so wie beim Start unserer Transformation vor fünf Jahren.“

Diesen Führungsalltag stellen wir auf den Kopf: Unsere Teamleiter sollen nur noch 20 Prozent ihrer Zeit für Verwaltungsaufgaben aufwenden müssen. Das erreichen wir durch die Bündelung von Themen, eine effizientere Wochenplanung und die Automatisierung von Verwaltungstätigkeiten. 20 Prozent der Zeit können sie künftig für die eigene Entwicklung nutzen. Dazu gehört auch, dass sie alle computergestützten Trainings für ihr Team zunächst selbst absolvieren. Die verbleibenden 60 Prozent sind für Feedbackgespräche, Live-Coachings und Tandem-Telefonate mit ihren Teammitgliedern reserviert. Das ist eine grundlegende Verhaltensveränderung in unserem Führungssystem – weg von der Verwaltung von Prozessen hin zur Entwicklung von Menschen.

Damit steigern wir die fachliche Fitness unserer Hotline-Teams deutlich. Und vermeiden somit unnötige Weiterleitungen. Denn diese ärgern unsere Kunden, verlangsamen die Lösung ihres Problems und sorgen bei uns für zusätzlichen Aufwand. Weiterleitungen lassen sich jedoch nur dann vermeiden, wenn alle Beraterinnen und Berater mit unseren Basisprodukten und -tarifen bestens vertraut sind. Darum setzen wir zusätzlich auf ein KI-basiertes Coaching, welches für eine individuelle Fortbildung unserer Teams sorgt. Übrigens auch bei unserem Shop-Personal und bei unseren Vertriebs- und Servicepartnern, die wir genauso schulen, als seien es unsere eigenen Mitarbeitenden.

Genauso wichtig wie unsere Coachings und Schulungsangebote ist natürlich die Haltung unserer Mitarbeitenden. In meinem Buch „Wissen macht Spaß“ hatte ich bereits geschrieben: „Ausgelernt war gestern!“ Die Welt um uns herum verändert sich rasend schnell und die Kundenanforderungen steigen stetig. Darum erwarte ich von meinem Team die Bereitschaft, Tag für Tag Neues zu lernen. Und dazu gehört auch die Einsicht, dass Lernen ein Geschenk ist, das uns alle gemeinsam voranbringt.

Kunden verstehen

Kommen wir zum 2. Punkt: Verkaufen nach Bedarf. Trotz aller Weiterbildung und Fachlichkeit kann niemand alles wissen. Dafür ist unsere Produktwelt aus Mobilfunk, Festnetz, Internet und TV einfach zu komplex. Deshalb versorgen wir unsere Teams während des Kundengesprächs in Echtzeit mit den nötigen Informationen. „MagentaView" ist eine neue Software, die eine vollständige Kundensicht abbildet. Ein großer Pluspunkt für alle: Der Kunde muss sein Anliegen nicht immer wieder von vorne schildern, denn über MagentaView können unsere Mitarbeitenden die komplette Kundenhistorie mit nur einem Klick aufrufen. So sehen unsere Kundenberater, Servicetechniker und Shop-Verkäufer auf ihrem PC oder Tablet direkt, mit wem sie es zu tun haben, welche Tarife und Endgeräte der Kunde nutzt, ob noch Aufträge oder Rechnungen offen sind oder eine Störung des Anschlusses vorliegt. Dank „MagentaView" wissen wir heute deutlich mehr über unsere Kunden und ihr Umfeld als je zuvor und können sie noch bedarfsgerechter beraten. Unsere Kolleginnen und Kollegen finden alle wichtigen Informationen in nur einer Anwendung statt in vielen unterschiedlichen Systemen. Dadurch können die Mitarbeitenden sich noch besser auf den Kunden konzentrieren.

Und wir sind da, wo unsere Kunden sind – egal ob Web, Chat, App, Telefon oder Shop. Wenn ein Kunde sein Anliegen im selben Kanal von Ende zu Ende gelöst haben möchte, soll das künftig genauso möglich sein wie ein nahtloser Kanalwechsel. Zum Beispiel: Möchte der Kunde etwa sein neues Smartphone, das er an der Hotline bestellt hat, noch am selben Tag im nächstgelegenen Shop abholen, machen wir das möglich.

Auch die Beratung über einen Kanal und den Kauf in einem anderen wollen wir unkomplizierter und attraktiver machen, indem wir unser Prämiensystem weiterentwickeln. Denn das funktioniert nur, wenn all unsere Teams bereichsübergreifend zusammenarbeiten und über dieselben Informationen und Arbeitshilfen verfügen – der Außendienst, die Hotline, die Shops und auch die Partner. Und genau dafür haben wir mit der stärkeren Vernetzung unserer einzelnen Kanäle die Grundlagen geschaffen. Die Kunden unterscheiden nicht zwischen unseren verschiedenen Geschäftsbereichen. Für sie sind wir die Telekom und von dieser möchten sie ihr Anliegen gelöst haben – schnell, unkompliziert und abschließend. Deshalb muss es unser Ziel sein, über alle Kontaktpunkte hinweg ein einheitliches Bild abzugeben.

Hierauf zahlen unter anderem auch unsere 14 Regiocenter ein, die wir seit Frühjahr 2022 in Betrieb haben. In diesen Servicecentern haben wir sämtliche Kompetenzen gebündelt, die wir für eine schnelle Lösung des Kundenanliegens benötigen. Teams aus allen Disziplinen arbeiten dafür auf einer gemeinsamen Fläche oder aber virtuell zusammen. Kann der Berater nicht sofort weiterhelfen, sucht er sich Unterstützung durch einen Fachexperten. Wir wollen die Kunden aus der jeweiligen Region immer in ein festes Team routen, also vertrauten Ansprechpartnern zuweisen, die ihnen Ende-zu-Ende weiterhelfen. Dafür binden wir auch die Shops und unsere Technik-Kollegen in die Regioteams eng ein.

„Die Kunden unterscheiden nicht zwischen unseren verschiedenen Geschäftsbereichen. Für sie sind wir die Telekom und von dieser möchten sie ihr Anliegen gelöst haben – schnell, unkompliziert und abschließend.“

Mehrwert bieten und begeistern

Punkt 3: Spaß dabei haben! Warum ist das wichtig? Nur was ich gerne tue, mache ich auch gut. Darum ist es wichtig, seinen Job – egal, welcher es ist – mit Freude anzugehen. Das gilt gerade in Branchen, wie es der Verkauf und der Kundenservice sind. Als Team muss man selbst brennen und eine positive Atmosphäre schaffen, wenn man bei seinen Kunden das Feuer entfachen möchte. Die Stimmung des Beraters oder Verkäufers überträgt sich meistens auf die Kunden. So kann aus einer kleinen Flamme ein regelrechtes Lauffeuer entstehen, das Energie in alle Richtungen freisetzt.

Bestes Beispiel sind unsere MagentaMobil-Tarife, die wir im Sommer 2022 eingeführt haben. Das Motto: „Je mehr ihr seid, desto günstiger wird es!" Das heißt, zur Mobilfunk-Hauptkarte kann ich als Kunde bis zu zehn Zusatzkarten, sogenannte Pluskarten, dazubuchen – für meine Partnerin, Kinder oder auch Freunde. Mit jeder zusätzlichen Karte sinkt der Durchschnittspreis, und trotzdem kriegen alle das gleiche Datenvolumen. Damit haben wir nicht nur unser Tarifportfolio einfacher gestaltet, sondern auch unser ausgezeichnetes 5G-Netz für Familien erschwinglich gemacht.

Nach nicht einmal fünf Monaten hatten wir bereits über eine halbe Million Pluskarten verkauft. Was war das Geheimnis dieses Erfolgs? Zum einen das Produkt selbst, das erstklassige Leistung zu einem günstigen Preis bietet. Zum anderen aber auch die Haltung, mit der unsere Mitarbeitenden in den Shops und an der Hotline den Produktstart angegangen sind. Sie haben sich in ihren Teams bereits Wochen im Voraus gründlich vorbereitet und intensiv mit den neuen Tarifen auseinandergesetzt. Dabei haben sie schnell erkannt, dass dieses Produkt einen echten Mehrwert für viele Kunden bietet. Unsere Mitarbeitenden waren von Anfang an selbst begeistert von diesem Angebot und haben diese Begeisterung an unsere Kunden weitergegeben. In Kombination mit einer empathischen, fachlich fundierten und bedarfsgerechten Beratung war das der Erfolgsgarant.

NPS als zentrale Messgröße

Doch wie messen wir nun, ob unsere Kunden immer mehr zu Fans unserer Produkte, Dienstleistungen und Marke werden? Wie viele andere Unternehmen messen wir die Zufriedenheit unserer Kunden beziehungsweise ihre Begeisterung per Net Promoter Score (NPS). Wir schauen, ob uns unsere Kunden nach einem Kontakt weiterempfehlen. Denn Weiterempfehlungen sprechen nur sogenannte Promotoren aus, also echte Fans. Darum machen wir den NPS, neben anderen Kennzahlen wie der Erstlösungsquote und der Conversion Rate, zur zentralen Messgröße und rollen ihn über alle Fachbereiche aus.

Wir wissen natürlich, dass wir uns viel vorgenommen haben. 90 Millionen Kundenkontakte im Jahr nicht nur zufriedenstellend, sondern begeisternd zu gestalten, ist ein sehr anspruchsvolles Unterfangen. Aber wir glauben an uns. Denn wir sind so etwas wie der FC Bayern unserer Branche. Wir sind Marktführer, haben das stärkste Vertriebsteam und eine klare Strategie. Und für uns ist immer Day 1. Darum werden wir nicht aufhören, das Sales- & Service-Erlebnis für unsere Kunden jeden Tag ein bisschen besser zu machen. So lange, bis wir auch die Herzen unserer Kunden erobert haben.

„Es lohnt sich einfach, seine Kunden zu lieben“

Mit dem Net Promoter Score hat der amerikanische Berater Fred Reichheld vor über 20 Jahren einen Paradigmenwechsel im Selbstverständnis von Unternehmen eingeläutet. Inzwischen nutzen nach Angaben des US-Wirtschaftsmagazins Fortune rund zwei Drittel der im Fortune-1000-Ranking aufgeführten umsatzstärksten Unternehmen den Net Promoter Score. Im Interview erklärt Fred Reichheld, wie der Net Promoter Score genau funktioniert, warum Kundenliebe stärker ist als Profitmaximierung und dass sich die Investition in Loyalität von Kunden und Mitarbeitern langfristig lohnt.

Herr Reichheld, viele Unternehmen sehen in ihren Kunden nur das potenzielle Geschäft und möchten sie daher geradezu ausquetschen, um möglichst hohe Gewinne zu erzielen. Was ist an diesem Ansatz problematisch?

Sowohl Kunden als auch Mitarbeiterinnen und Mitarbeiter erkennen schnell, wenn es Führungskräften eher um Gewinne als um einen anständigen Umgang mit ihren Mitmenschen geht. Solche Führungskräfte können niemals Loyalität wecken – aber Loyalität ist die einzige nachhaltige Quelle für profitables Wachstum. Gute Führungskräfte und gute Unternehmen bringen ihre Mitarbeiter dazu, die Kunden so zu behandeln, dass diese immer wiederkommen und das Unternehmen auch weiterempfehlen. Die besten Kunden – und die besten Mitarbeiterinnen und Mitarbeiter – gehen immer zu Unternehmen, die sie gut behandeln. Deshalb lohnt es sich einfach, seine Kunden zu lieben.

Möchten sich Kunden wirklich von Unternehmen „geliebt" fühlen? Was passiert dann – und was passiert, wenn das nicht der Fall ist?

Wenn die Kunden darauf vertrauen, dass ein Unternehmen jederzeit in ihrem besten Interesse handelt und sich immer für ihre Zufriedenheit und ihr Wohlbefinden interessiert, als ob sie zur Familie gehörten, dann fühlen sie sich geliebt. Dann belohnen sie das Unternehmen nicht nur, indem sie mit ihm Geschäfte machen und es weiterempfehlen. Sie behandeln auch die Mitarbeiter respektvoll und geben konstruktives Feedback dazu, wie Produkte und Dienstleistungen noch besser werden können. So entsteht aus Liebe Loyalität, und das wiederum verschafft einem Unternehmen einen unschlagbaren wirtschaftlichen Vorteil.

Manager stützen sich bei ihrer Tätigkeit in der Regel auf eine Reihe von Kennzahlen. Wie lässt sich die Kundenliebe messen?

Mithilfe des Net Promoter Score (NPS), der gute Hinweise auf die Kundenliebe gibt, wenn sie korrekt gemessen wird. Wenn Kunden eine Marke mit Begeisterung ihren Freunden und Bekannten empfehlen, dann ist das der eindeutige Beweis dafür, dass ihr eigenes Leben bereichert worden ist. Sie gehen außerdem davon aus, dass das Unternehmen auch das Leben ihrer Freunde und Bekannten bereichern wird. Und sie sind stolz auf die Verbindung mit dem Unternehmen, denn wenn sie es weiterempfehlen, verknüpfen sie im Grunde ihre persönliche Reputation mit der des empfohlenen Unternehmens. Als Ergänzung zum umfragebasierten NPS haben wir eine Bilanzkennzahl entwickelt, das sogenannte Earned Growth, verdientes Wachstum. Earned Growth gibt an, welcher Anteil des Umsatzwachstums auf Bestandskunden und die von ihnen empfohlenen Neukunden zurückzuführen ist.

„Wenn Kunden eine Marke mit Begeisterung ihren Freunden und Bekannten empfehlen, dann ist das der eindeutige Beweis dafür, dass ihr eigenes Leben bereichert worden ist."

Wie kann man Liebe – die grundsätzlich als unerklärlich gilt – dauerhaft in Unternehmen einbinden, die letztendlich auf der Grundlage von Regeln, Prozessen und Hierarchien funktionieren? Welche Rolle spielen die Mitarbeiterinnen und Mitarbeiter dabei?

Wann immer Regeln, Prozesse oder Hierarchien dazu führen, dass Kunden nicht liebevoll und achtsam behandelt werden können, müssen sie geändert und verbessert werden. Hier bei der Unternehmensberatung Bain beispielsweise finden wöchentlich Teamsitzungen statt, bei denen Hindernisse angesprochen und Lösungen entwickelt werden. Die Führungskräfte überprüfen die Scores und Prioritäten, die sich aus diesen Gesprächen ergeben. So bauen sie abteilungsübergreifende, prozessuale oder regelbedingte Hindernisse ab, die die Teams davon abhalten, auf optimale Weise mit ihren Kunden umzugehen.

Vor rund 20 Jahren haben Sie den bereits angesprochenen Net Promoter Score entwickelt, der im Grunde misst, wie groß die Liebe im oben erwähnten Sinne ist. Wie funktioniert er konkret, und inwiefern ist er für die Unternehmen hilfreich?

Der Net Promoter Score basiert auf einer Umfrage, die nur zwei oder drei Fragen beinhaltet. Die erste lautet: Wie wahrscheinlich ist es auf einer Skala von 0 bis 10, dass Sie unser Unternehmen an Freunde und Bekannte weiterempfehlen? Kunden, die einen Wert zwischen 0 und 6 angeben, sind sogenannte Detraktoren, die so rasch wie möglich einen anderen Anbieter wählen und auch ihren Freunden und Bekannten davon abraten werden. Ein Score von 7 bis 8 deutet auf eine indifferente Haltung hin – die Kunden sind zwar zufrieden, aber nicht loyal. Promotoren geben einen Score 9 oder 10 an, und auf sie kann sich das Unternehmen stützen. Sie werden wiederkommen und ihre Empfehlung an Freunde und Bekannte weitergeben. In der zweiten und dritten Frage werden die Kunden gebeten, ihren Score in eigenen Worten zu begründen und zu erläutern, inwiefern Verbesserungsmöglichkeiten für das Unternehmen bestehen.

„Mithilfe des NPS lässt sich messen, wie gern Kunden mit einer bestimmten Marke in Verbindung gebracht werden – und zwar aus allen Gründen, die sie für wichtig halten.“

Unternehmen werden für ihr Markenversprechen, ihren Service oder ihre Produkte geschätzt – und auch für das, wofür sie in einem ganzheitlicheren Sinn stehen. Heutzutage erwarten die Kunden von den Unternehmen, dass diese sich auf soziale Verantwortung, Nachhaltigkeit und Governance, also ESG-Ziele, konzentrieren. Wie verhält sich der NPS dazu?

Kunden empfehlen ein Unternehmen nicht begeistert weiter, wenn es seine Mitarbeiter ausbeutet, die Umwelt verschmutzt oder die Lieferanten betrügt. Das macht Weiterempfehlungen so hilfreich. Mithilfe des NPS lässt sich messen, wie gern Kunden mit einer bestimmten Marke in Verbindung gebracht werden – und zwar aus allen Gründen, die sie für wichtig halten.

Kritiker des NPS sagen, dass der Score zwar die allgemeine Richtung vorgibt, in die Unternehmen sich entwickeln sollten, ihnen aber nichts dazu sagt, wie sie das im Detail tun sollten. Trifft das zu?

Das beruht auf einem Missverständnis. In unseren Umfragen bitten wir die Kunden immer darum, ihren Score in eigenen Wor-

ten zu begründen und zu erläutern, wie sich das Unternehmen verbessern kann. Gerade darum geht es uns ja – nicht um den Score an sich, sondern darum, wie sich das Unternehmen aus Kundensicht verbessern kann.

Als Sie den Net Promoter Score entwickelten, stand die Digitalisierung noch am Anfang, und es gab keine Smartphones. Die Interaktion zwischen Unternehmen und Kunden hat sich radikal gewandelt. Wie hat sich das auf den NPS ausgewirkt?

Der NPS wurde vor der digitalen Revolution entwickelt, gibt aber hervorragende Antworten auf die Herausforderungen des digitalen Zeitalters. Das erklärt auch, warum praktisch alle großen Digitalkonzerne wie Amazon, Apple, Google und andere ihn anwenden. Die besten Unternehmen verlassen sich nicht nur auf Umfragen, sondern beobachten den digitalen Fußabdruck. So lässt sich erkennen, ob ein Kunde sich als Promotor, indifferent oder als Detraktor verhält.

Man muss keine Umfrage mehr starten, wenn die Kunden in einem automatisierten Telefonansagesystem wiederholt auf 0 tippen, weil sie sich darin gefangen fühlen. Sie sind verärgert – und das Unternehmen muss etwas tun, um diese Erfahrung zu verbessern.

Was sind die häufigsten Fehler, die Unternehmen bei der Nutzung des NPS begehen?

Der häufigste Fehler besteht darin, dass sie sich nur auf den Score konzentrieren und nicht darauf, wie sie die Kundenerfahrung den Aussagen der Kunden entsprechend verbessern können. Viele Unternehmen haben Net Promoter Scores mit den Boni der Kundenbetreuer verknüpft. Das ist fast immer ein Fehler, denn die Mitarbeiterinnen und Mitarbeiter denken dann vor allem an den Score und weniger daran, wie sie die Kunden besser – nämlich achtsamer – behandeln können.

Seit der Entwicklung des NPS haben Tausende Unternehmen rund um die Welt dieses Konzept übernommen. Warum hatten Sie das Gefühl, die Zeit für „Winning on Purpose“, Ihr neuestes Buch zu dem Thema, sei gekommen?

Unternehmen mit den höchsten NPS in ihrem jeweiligen Sektor messen nicht nur ihren NPS – sie lieben ihre Kunden. Diese zu bereichern, ist für sie der Hauptzweck. Das ist eine radikale Einstellung. Die meisten Unternehmen denken nach wie vor, sie müssten ihre Gewinne oder den Shareholder Value maximieren. In „Winning on Purpose“ zeigen wir überzeugend, dass Unternehmen, die besonders hohe Erträge für ihre Anteilseigner erzielen, nicht die Anteilseigner an die erste Stelle setzen, sondern ihre Kunden. Und wenn sich die Kunden so geliebt fühlen, kommen sie immer wieder und empfehlen das Unternehmen weiter. Dieses Prinzip generiert einen hohen Cashflow und schafft tolle Arbeitsplätze. Wer sein Geld langfristig in solche Unternehmen investiert hat, konnte sich über fabelhafte Erträge freuen.

„Unternehmen mit den höchsten NPS in ihrem jeweiligen Sektor messen nicht nur ihren NPS – sie lieben ihre Kunden. Diese zu bereichern, ist für sie der Hauptzweck. Das ist eine radikale Einstellung.“

Sie erwähnten zuvor die Earned Growth-Strategie, die Sie unlängst als bilanzbasierte, ergänzende Kennzahl präsentiert haben. Wie muss man sich das vorstellen?

Earned Growth ist eine Bilanzkennzahl, die sich nachprüfen und als Kennzahl für die Berichte an die Anleger verwenden lässt. Wenn die Unternehmen versuchen, Earned Growth zu messen, stellen sie fest, dass das mit den vorhandenen Bilanzsystemen nicht geht. Ihnen wird klar werden, dass ihr Wohlstand tatsächlich an einer guten Behandlung der Kunden hängt. Deshalb kommen Kunden wieder, und deshalb empfehlen sie das Unternehmen weiter. In diesem Moment erkennen die Unternehmen, dass sie ihre Bilanzierungsmethoden ändern müssen, um diesen Prozess zu verstehen und Fortschritte nachverfolgen zu können.

NPS führt nicht auf die Schnelle, sondern nur langfristig zum Erfolg. Wie sollen CEOs ihre vergleichsweise kurzfristig orientierten Kollegen, die Anteilseigner und andere einflussreiche Gruppen überzeugen?

Ich hoffe, dass Kapitel 5 von „Winning on Purpose“ von mehr Vorstandsmitgliedern gelesen wird. Die meisten werden dann feststellen, dass sie nicht die richtigen Informationen abfragen, um ihrer treuhänderischen Pflicht gegenüber den Shareholdern nachzukommen. Sie werden erkennen, dass diese nur dann gewinnen können, wenn das Unternehmen Kunden gewinnt. Und sie werden darauf bestehen, dass die operativen Bereiche eine Verbesserung des NPS und der Earned Growth-Performance im Vergleich zu den Wettbewerbern nachverfolgen, darüber berichten und dafür Verantwortung übernehmen.

Zuletzt noch eine persönliche Frage: Welches Produkt oder welcher Service hat Sie zuletzt als Kunde beeindruckt?

Beeindruckt hat mich das Unternehmen Mention Me, eine Technologieplattform, die es Kunden ganz einfach ermöglicht, von vertrauenswürdigen Freunden und Bekannten Empfehlungen zu bekommen und weiterzugeben. Das wird künftig sehr viel wichtiger werden als Ratings oder Review-Seiten, die leicht manipuliert werden können. Unsere Welt funktioniert vor allem über Empfehlungen, doch nur wenige Unternehmen verstehen, wie Empfehlungen ausgesprochen werden, oder lernen daraus, wer was warum empfiehlt und welche Neukunden aufgrund von Empfehlungen kommen. Genau wie Technologieplattformen wie Medallia oder Qualtrics die NPS-Revolution vorangetrieben haben, werden Mention Me und seine Wettbewerber die Earned Growth-Revolution voranbringen.

FRED REICHHELD

Der 1952 geborene Berater Fred Reichheld gilt als einer der führenden Vertreter der Idee, dass Loyalität von Kunden und Mitarbeitern als eines der zentralen Unternehmensziele dient. Er ist der Erfinder des Net Promoter Score (NPS), einem System, das eine Kennzahl liefert, inwiefern Kunden ein Produkt oder eine Dienstleistung weiterempfehlen würden. Der Harvard-Absolvent stieg 1977 bei der Unternehmensberatung Bain & Company ein, war ab 1982 Partner und ist seit 1999 dort Senior Advisor. Er ist gefragter Redner und Autor zum Thema Loyalität, sein erstes Buch dazu – „Der Loyalitätseffekt" – wurde ein internationaler Bestseller. Sein neuestes Buch – „Winning on Purpose: The Unbeatable Strategy of Loving Customers" – ist im Dezember 2021 erschienen.

T-Mobile US:

„We won't stop – unsere Kunden stehen immer an erster Stelle!“

Mit seiner „Un-Carrier“-Strategie revolutionierte T-Mobile US vor rund einem Jahrzehnt den Mobilfunksektor in den Vereinigten Staaten. Die Grundüberzeugung dabei lautete gestern wie heute: Der Kunde steht immer an erster Stelle. Mike Sievert, CEO von T-Mobile US, blickt auf die wegweisenden Entwicklungen zurück und erläutert, wie das Unternehmen auch künftig neue Chancen nutzen will.

Das Unternehmensmanifest von T-Mobile US beginnt mit vier wichtigen Worten: Wir lieben unsere Kunden. Darauf basiert alles, was wir tun. Schon als die Deutsche Telekom die Marke T-Mobile vor 20 Jahren aus der Taufe hob, ging es ihr vor allem darum, Mobilfunkkunden so günstig wie möglich optimale Leistungen zu bieten – und somit die Kunden an die erste Stelle zu setzen und ihr Vertrauen zu gewinnen. 2013 stellte T-Mobile US dann seine „Un-Carrier"-Strategie vor und ging damit einen entscheidenden Schritt weiter. Wir wollten für unsere Kunden alles besser machen. Damals gab es im Mobilfunksektor beträchtliche Probleme, und wir haben uns als Vorreiter dafür eingesetzt, sie zu lösen – zum Nutzen unserer Kunden.

Knapp ein Jahrzehnt später setzen wir diesen Kurs fort. Nach der Fusion mit Sprint im Jahr 2020 wollten wir vor allem zeigen, dass unsere Kunden alles haben können und sich nicht zwischen Preis, Leistung oder Netzwerkqualität entscheiden müssen. T-Mobile bietet nach wie vor wettbewerbsfähige Preise und eine solide Qualität und schnürt so ein attraktives Paket für seine US-Kunden. Wir sind der „Un-Carrier" – wir wollen weltweit Vorreiter sein, wenn es darum geht, unseren Kunden die beste Verbindung zu ihrer Welt zu bieten. Genau das ist und bleibt unser Anspruch. Unsere Grundüberzeugung lautet: Indem der Kunde für uns immer an erster Stelle steht, verbessern wir das Mobilfunkangebot für Konsumenten insgesamt.

„Nach der Fusion mit Sprint im Jahr 2020 wollten wir vor allem zeigen, dass unsere Kunden alles haben können und sich nicht zwischen Preis, Leistung oder Netzwerkqualität entscheiden müssen."

Vorreiter beim Aufbau des 5G-Netzes

Schauen wir uns einmal an, welchen Einfluss T-Mobile als Vorreiter beim Aufbau des 5G-Netzes bereits auf den gesamten Sektor gehabt hat: Durch die Kombination des Niedrigband- und mmWave-Spektrums von T-Mobile mit den Mittelband-Frequenzen von Sprint hatten wir einen großen Vorsprung beim Aufbau eines modernen, mehrlagigen 5G-Netzes. Da müssen andere Anbieter jetzt aufholen. Sie mussten mehr Kapital in Frequenzen und Abdeckung stecken, zunächst auf mmWave setzen und sich dann nach einer Kehrtwende stärker auf mittlere Frequenzen konzentrieren – schlicht, um mit uns mithalten zu können. Bislang liegen wir weiterhin vorn.

T-Mobile hat das bisher einzige autarke und landesweite 5G-Netz in den USA aufgebaut. So halten wir unser Versprechen: „5G for All". Das Netz „Extended Range 5G" kann 323 Millionen Amerikaner versorgen, also praktisch jeden im Land. Das Netz „Ultra Capacity 5G" ist derzeit für 260 Millionen Menschen verfügbar – bis Ende dieses Jahres soll die Abdeckung auf 300 Millionen ausgebaut werden. Wir bringen 5G mit all seinen Vorteilen auch in Kleinstädte und unterversorgte Regionen im ganzen Land.

Dass wir heute schon einen Vorsprung beim 5G-Netz haben, wird uns künftig nutzen – denn 5G entwickelt sich rasch zum allgemeinen Standard. Das lässt sich an unserem bemerkenswerten Wachstum im 5G-Segment erkennen. Etwa die Hälfte aller Vertragskunden nutzt ein 5G-fähiges Telefon, und 65 Prozent des gesamten Netzwerkverkehrs wird durch 5G-Geräte verursacht. Dank unserer Führungsposition im Mobilfunk können wir in unserem beliebtesten Tarif Magenta MAX viele Extras anbieten. Magenta MAX ist der erste 5G-Smartphone-Tarif, bei dem sich die Datenübertragung nicht verlangsamt, wenn ein bestimmtes Volumen überschritten wird. Für unsere Kunden ist das 5G-Angebot besonders attraktiv, denn damit können sie intensiver als je zuvor spielen, Videos streamen und Social Media nutzen.

Neuartige Erfahrungen und Wahlmöglichkeiten

Dank unseres hoch leistungsfähigen Netzes können wir unseren Kunden außerdem gänzlich neuartige Erfahrungen und Wahlmöglichkeiten bieten. Ein Beispiel sind unsere Internetangebote für zu Hause. Über 40 Millionen Haushalte in den USA können auf T-Mobile Home Internet zurückgreifen. Ein Drittel von ihnen liegt in ländlichen Gebieten, wo zuvor überhaupt kein Breitbandanschluss verfügbar war oder die Möglichkeiten sehr begrenzt waren. T-Mobile US hat es geschafft, die Zahl der Internetkunden drei Quartale in Folge so stark zu erhöhen wie keiner seiner Wettbewerber. Und das ist erst der Anfang.

An dieser Stelle möchte ich mit Stolz auch ein anderes Programm vorstellen, das Menschen mehr Wahlmöglichkeiten verschafft. Mit dem „Project 10Million" wollen wir ein ehrgeiziges Ziel realisieren: Alle Schülerinnen und Schüler und alle Studierenden sollen einen verlässlichen Netzzugang zur Verfügung haben. Wir wollen 10 Millionen Schülerinnen und Schüler sowie Studierende mit einem Gratis-Hotspot, 100 Gigabyte Daten pro Jahr und Zugang zu Laptops und Tablets zum Selbstkostenpreis versorgen – bislang ist uns das bei über 1,3 Millionen jungen Menschen gelungen. Mithilfe dieses Programms und anderer ähnlicher Vorhaben bringt T-Mobile mit seinem 5G-Netz die Dinge in Bewegung.

Sich für den Kunden einsetzen

Unsere „Un-Carrier"-Formel ist ganz einfach: Die Kunden an die erste Stelle setzen. Ihnen zuhören. Den Wandel in ihrem Sinne vorantreiben. Und das funktioniert. Anders lässt sich nicht erklären, dass die Zahl unserer Vertragskunden im Jahr 2021 um 5,5 Millionen anstieg. 2021 war das beste Wachstumsjahr unserer Geschichte, in dem sowohl wir als auch der Mobilfunksektor insgesamt Rekordzuwächse verzeichnet haben.

Im Rückblick auf unsere „Un-Carrier-Revolution" kann einem geradezu schwindlig werden. Bei unseren Wettbewerbern hakte es damals an allen Ecken und Enden. T-Mobile dagegen änderte die Spielregeln zugunsten der Kunden. Als erstes schafften wir Verträge und

„Unsere ‚Un-Carrier'-Formel ist ganz einfach: Die Kunden an die erste Stelle setzen. Ihnen zuhören. Den Wandel in ihrem Sinne voran-treiben. Und das funktioniert."

Grenzen im Mobilfunk ab. Und wir machen den Mobilfunk – und inzwischen auch den Breitbandsektor – weiterhin einfacher, unkomplizierter und besser.

Hier lohnt sich ein Blick auf unsere jüngsten Initiativen. Wir wissen ja, dass unsere Kunden bereits mit rekordverdächtigen Inflationsraten zu kämpfen haben. Also helfen wir ihnen, Geld zu sparen und gleichzeitig von unserem sektorweit führenden Mobilfunknetz und einmaligen Hochgeschwindigkeitsinternet zu profitieren. Und das, während unsere Mitbewerber die Preise anheben. Damit unsere Kunden auch im Urlaub Geld sparen – nach dem Ende der Pandemie können sie ja wieder auf Reisen gehen –, haben wir „Coverage Beyond“ eingeführt. Damit vergrößern wir unsere Netzabdeckung: T-Mobile-Kunden können jetzt auch im Flugzeug sowie in über 210 Ländern ins Netz. Außerdem ist es für unsere Kunden einfacher denn je, zu uns zu kommen. Mit Easy Switch brauchen sie dafür gerade einmal fünf Minuten, sofern sie ein eigenes, nicht gesperrtes und eSim-kompatibles Smartphone haben – und im Gegensatz zu anderen Anbietern funktioniert das ganz problemlos.

Und habe ich schon erwähnt, wie fähig, einfühlsam und kundenorientiert unsere Kundenbetreuer in allen Bereichen sind – sei es für Privatkunden, für das Gesundheitswesen, für Ingenieure oder wen auch immer? Unsere Mitarbeiter sind Herz, Seele, Gesicht und Stimme unseres Unternehmens. Sie sind für unseren Erfolg verantwortlich. Und ich bin überaus stolz darauf, wie #TeamMagenta sich für unsere Kunden einsetzt.

T-Mobile befindet sich gerade in einer sehr spannenden Phase. Und ich freue mich auf unseren weiteren Weg: Wir wollen weltweit Vorreiter sein, wenn es darum geht, unseren Kunden die beste Verbindung zu ihrer Welt zu bieten.

MIKE SIEVERT

Michael „Mike“ Sievert stammt aus Canton (Ohio), wo er während seiner Schulzeit die Lokalzeitung „The Repository“ austrug. Vom Lohn kaufte er seine ersten beiden Heimcomputer, zunächst einen TRS-80, später einen C64. Nach dem Studienabschluss in Wirtschaft, Marketing und Management heuerte er bei Procter & Gamble an. Es folgten Positionen in der Tech-Branche, unter anderem bei IBM, AT&T Wireless und Microsoft. 2008 gründete er mit zwei Partnern das Start-up Switchbox Labs, das bereits im Jahr darauf von Lenovo übernommen wurde. 2012 startete Sievert als CMO bei T-Mobile US, drei Jahre später wurde er COO. Seit April 2020 ist er CEO. Unter seiner Führung entwickelte sich T-Mobile US zum nach Kundenzahl zweitgrößten Mobilfunkanbieter der USA und zum wertvollsten Mobilfunkunternehmen der Welt – gemessen am Börsenwert. Sievert hat einen Pilotenschein und fliegt in seiner Freizeit leidenschaftlich gern Wasserflugzeuge.

Wahre Kundenliebe

Wie Kunden zu Fans werden

Wer mit seinen Produkten und Dienstleistungen wirklich erfolgreich sein will, muss Kunden und Mitarbeiter zu Fans machen. Doch wann werden Menschen eigentlich zu Fans? Und wie lässt sich dieses Prinzip auf Unternehmen anwenden? Der Unternehmensberater und Bestsellerautor Roman Becker erklärt, welche Rolle emotionale Bindung dabei spielt und warum Kunden- und Mitarbeiterzufriedenheit kein Allheilmittel ist.

Kunden zu Fans machen? Hand aufs Herz: Wer von Ihnen will das nicht? Intuitiv bekennt sich jede Vorstandsetage zu diesem Ziel. Doch die Praxis zeigt: Wirklich intensiv kümmern sich Unternehmen nach wie vor lediglich um die Zufriedenheit ihrer Kunden – lange Zeit das unhinterfragte Mantra der Kundenorientierung. Dabei wissen wir schon lange: Zufriedenheit alleine garantiert noch keine dauerhafte Bindung. Man kann als Kunde hochzufrieden sein und dennoch zur Konkurrenz abwandern, wenn der Preis nur attraktiv genug ist. Umso schneller zeigen sich nachhaltige, in der Bilanz sichtbare Resultate bei jenen, die verstanden haben, wie Kunden wirklich zu emotional gebundenen Fans werden. Und bei jenen, die erkannt haben, wie Fan-Kunden das Unternehmenswachstum beschleunigen.

Wie aber werden Kunden wirklich zu Fans? Antworten gibt uns die sozialwissenschaftliche Forschung, die sich seit der Beatlemania in den 1960er-Jahren systematisch mit dem Phänomen des Fans beschäftigt. Dabei geht es um die Fragen: Welche Mechanismen lassen den Menschen zum Fan werden? Und wie lässt sich dieses Wissen auf die Wirtschaft übertragen und in den Unternehmen steuern? Im Management-Bestseller „Das Fan-Prinzip“ beschreiben und analysieren Professor Dr. Gregor Daschmann und ich genau dies, inzwischen in der 3. Auflage. Wir übertragen den Mechanismus der emotionalen Bindung, wie wir ihn von Fans aus den Feldern Sport, Kultur und Musik kennen, auf wirtschaftliche Zusammenhänge. Daraus entstanden ist FANOMICS, ein Management-Steuerungssystem, mit dem Top-Entscheider ihre Kunden wirklich zu Fans machen und davon profitieren.

Identifikation und Einzigartigkeit

Aus mehr als 20 Jahren sozialwissenschaftlicher Fan-Forschung wissen wir: Der Automatismus, der Menschen zu Fans werden lässt, ist eine intuitiv verspürte Passung zwischen ihnen und dem Angebot des Stars. Diese Passung sorgt für Identifikation. Identifikation ist also der zentrale Motor für jede Fan-Beziehung. Das erklärt, warum es in Mainz so viele Fans der 05er gibt und sich nur 50 Kilometer Luftlinie entfernt fast ausschließlich Anhänger der Eintracht finden. Und dort, wo der regionale Bezug als identifikationsstiftendes Merkmal ausfällt, sammeln sich Fans des FC Bayern, weil wir alle gerne erfolgreich sind und der FC Bayern diesen Wert wie kein anderer Verein verkörpert.

Doch damit nicht genug! Der Fan will die Wiederholung. Er will das, was ihn einst zum Fan machte, immer und immer wieder erleben. Es geht also auch darum, in der Wiedererlebbarkeit von Identifikation das Gefühl von Einzigartigkeit zu erzeugen. Um bei dem Fußball-Beispiel zu bleiben: Der Fan kann sich ein Heimspiel ohne die Stadionwurst und die immer gleichen Rituale bei der Bekanntgabe der Mannschafts-Aufstellung, beim Einlaufen der Spieler, beim Verkünden von Toren oder dem Feiern von Siegen nicht vorstellen.

Das Gefühl von „richtig aufgehoben sein"
Übertragen auf die Beziehung zwischen Kunden und Unternehmen bedeutet dies, dass es Kunden und Anbietern immer dann gleichermaßen gut geht, wenn Passung entsteht. Denn für Unternehmen sind werthaltige Beziehungen die Basis für erfolgreiches Wirtschaften und für die Verbraucher bieten sie ein Gefühl von „richtig aufgehoben sein", von Sicherheit. Fan-Beziehungen sind also lebenslange Beziehungen und eine Win-win-Situation für beide Seiten, die im besten Falle sinnstiftend wirkt.

Fan-Indikator und Fan-Quote
Identifikation und Einzigartigkeit sind also die zentralen Charakteristika des Fantums. Basierend auf dieser Erkenntnis hat das Marktforschungs- und Beratungsunternehmen 2HMforum. aus Mainz eine Kennzahl entwickelt, die weit über die klassische „Kundenzufriedenheit" hinausgeht und emotionale Bindung messen kann: den Fan-Indikator. Verspürt ein Kunde ein hohes Maß an Identifikation und ist sein Anbieter aus seiner Sicht einzigartig, so ist er emotional gebunden. Mit dem Fan-Indikator und der daraus errechneten Fan-Quote haben wir eine neue Währung für die Qualität von Beziehungen entwickelt.

Von Fans und Gegnern
Den Fan-Indikator als Maß der emotionalen Kundenbindung stellen wir im sogenannten Fan-Portfolio der Kundenzufriedenheit gegenüber und unterteilen so die Kunden in Fans, Sympathisanten, Söldner, Gefangene und Gegner. Das Fan-Portfolio verdeutlicht, warum es für Unternehmen so wichtig und zielführend ist, neben der Zufriedenheit die emotionale Kundenbindung als zentrale Steuerungsgröße zu nutzen. Denn die enormen Investitionen in Leistungs- und Servicequalität haben zwar zu einer hohen Kundenzufriedenheit im Geschäftskunden- und Privatkundenbereich geführt (83 und 70 Prozent). Aber nur ein kleiner Teil dieser hochzufriedenen Kunden ist auch emotional stark gebunden (15 Prozent im B2B, 20 Prozent im B2C).

Das Fan-Portfolio verdeutlicht also, worum es im Kundenbeziehungsmanagement wirklich geht. Nämlich nicht, aus unzufriedenen noch mehr zufriedene Kunden zu machen. Die meisten Unternehmen haben ja bereits eine enorm hohe Kundenzufriedenheit erreicht.

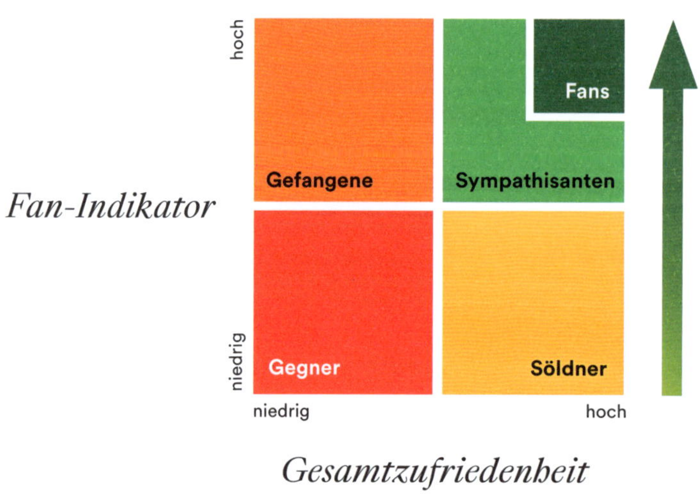

B2B
Anteil hochzufriedener Geschäftskunden: 83 %

B2C
Anteil hochzufriedener Endkunden: 70 %

Basis: 2HMforum.-Grundlagenforschung

> *„Die enormen Investitionen in Leistungs- und Servicequalität haben zwar zu einer hohen Kundenzufriedenheit im Geschäftskunden- und Privatkundenbereich geführt. Aber nur ein kleiner Teil dieser hochzufriedenen Kunden ist auch emotional stark gebunden."*

Sondern darum, aus hochzufriedenen Kunden emotional gebundene und damit besonders profitable Fans zu machen. Im Fan-Portfolio ist dieser Prozess durch die Pfeilbewegung nach oben visualisiert.

Wachstum nur mit Fans
Hunderte FANOMICS-Studien beweisen: Fan-Kunden sind die Basis für jegliche Art von Wachstumsstrategien in Unternehmen.

1. Marktdurchdringung (Wachstum durch Kunden und Produkte aus dem Bestand): Fan-Kunden sind dauerhaft loyal und treu. Wer eine hohe Fan-Quote hat, muss sich kaum mit Kundenfluktuation beschäftigen. Sind die Kunden jedoch nicht emotional gebunden, sondern nur zufrieden, so droht die Abwanderung, sobald der Mit-Wettbewerber mit attraktiven Preisen lockt. Fan-Kunden gehen mit ihrem Anbieter auch durch Krisen und bleiben ihm sogar dann treu, wenn Freunde oder Bekannte davon abraten.

Fans haben den höchsten monetären Kundenwert. Sie sind der Umsatzgarant, denn sie kaufen häufiger, sind weniger preissensibel – und geben mehr Geld für die Produkte „ihres" Anbieters aus als jede andere Kundengruppe. Insgesamt betrachtet haben Fans den höchsten Customer Lifetime Value: Denn kein Kunde bleibt so lange in einer Geschäftsbeziehung mit seinem Anbieter wie der Fan-Kunde. Hier verschmelzen höchste Investitionsbereitschaft und stabilste Kundenbeziehung.

2. Marktentwicklung (Wachstum mit Neukunden und Bestandsprodukten): Fan-Kunden sind die perfekten Botschafter für Unternehmen oder Marken. Fans äußern sich gerne positiv, die Sympathisanten und Söldner im Portfolio gehören eher zur schweigenden Fraktion. Denn sie sind ja „nur" zufrieden. Und: Fans empfehlen Unternehmen auch aktiv weiter. Dabei haben sie nachweislich eine besondere Glaubwürdigkeit, denn ihre Empfehlungen sind nicht bezahlt oder künstlich über Marketingmaßnahmen herbeigeführt. Fans verfügen zudem über eine hohe Expertise und verteidigen ihren Anbieter, wenn er in die Kritik geraten ist oder gar zu Unrecht angegriffen wird.

3. Produktentwicklung (Wachstum mit Bestandskunden und neuen Produkten): Fans sind Innovatoren. Sie sind die Ersten, die neue Produkte erwerben, anwenden und bestenfalls weiterempfehlen. Sie sind besonders empfänglich für Cross- oder Up-Selling. Zudem sind Fans involviert und kompetent: Studien zeigen uns, dass nahezu jeder zweite Fan-Kunde der Ansicht ist, seinem Anbieter gut bei der Weiterentwicklung von Produkten und Leistungen helfen zu können. Die große Expertise der Fans nutzen Unternehmen, um Produkte und Prozesse bedarfsorientiert und effizient zu verbessern.

Fan-Quote steigern, Erfolg steigern

Emotionale Bindung steigt, wenn sich Kunden mit ihrem Anbieter identifizieren, das heißt, wenn eine Übereinstimmung besteht zwischen relevanten Kundenbedürfnissen und dem, wofür der Anbieter steht. Die Grundlage dafür schafft die richtige Positionierung. Das Unternehmen fokussiert sich auf zentrale Kundenbedürfnisse und stellt als Identifikationsgrundlage eine größtmögliche Passung zur Unternehmensstrategie, der Unternehmenskultur, den Stärken und den Alleinstellungsmerkmalen her.

Wichtig ist, diese Positionierung immer wieder erlebbar zu machen, und zwar an allen Touchpoints: Denn der Fan will das Ritual. Entscheidend ist somit eine Touchpoint-übergreifende Orchestrierung. Das heißt, Unternehmen müssen strukturelle, personelle und systemische Voraussetzungen schaffen, damit der Kunde entlang der Customer Journey sein zentrales Bedürfnis immer wieder erlebt. Entsprechend müssen folgende vier Dimensionen in Unternehmen perfekt ineinandergreifen: positionierungsbasiertes Werteleitbild, wertebasierte Führung, optimierte Prozesse und Infrastruktur sowie passende Fähigkeiten und Kompetenzen der Mitarbeiter.

Exkurs: Lebensmitteldiscounter mit unzähligen Fans

Aldi-Süd glänzt seit Jahren mit Fan-Quoten doppelt so hoch wie der Branchendurchschnitt und auf dem Niveau der deutschen Premium-Autobauer Audi und Mercedes. Wie lässt sich dieses auf den ersten Blick überraschende Ergebnis erklären? Gemessen am Anteil aller Konsumausgaben geben die Menschen in kaum einem anderen Land weniger Geld für Lebensmittel aus als in Deutschland. Es handelt sich offenbar um ein klassisches Low-Involvement-Thema. Das heißt, es geht für die Kunden primär um die Minimierung des Ressourcenaufwands, also um „günstig", aber insbesondere auch um „schnell", denn sie wollen für den lästigen Lebensmittelkauf so wenig Zeit wie irgend notwendig aufwenden. Aldi gelingt es, dieses zentrale Bedürfnis der Kunden nach „schnell" an allen relevanten Touchpoints optimal zu bedienen. Zum Beispiel fördern der fehlende Warenauffangbereich und die distanziert-höfliche Art der Kassierer die Schnelligkeit an der Kasse. Auch die geringe Sortimentstiefe und der immer gleiche Filialaufbau sorgen dafür, dass entlang der

Customer Journey immer wieder „schnell“ und damit Passung erlebt wird. Aldi sagt also bewusst „Nein“ zu sämtlichen Leistungsaspekten, die nicht das Kernbedürfnis der Kunden bedienen.

Der Herzblutfaktor Mitarbeiter

Kunden begeistern und zu Fans machen – das gelingt nur Führungskräften und Mitarbeitern, die ganz klar die zentralen Bedürfnisse ihrer Kunden kennen, verstehen und an jedem Kontaktpunkt orchestriert bedienen. Dies gelingt nur dann, wenn Mitarbeiter selbst Fans ihres Arbeitgebers sind. Denn die richtigen Fan-Mitarbeiter sind äußerst loyal und motiviert, haben eine hohe Leistungskultur und agieren als Fan-Macher in Richtung Kunde.

Die Krux: Hier machen Unternehmen denselben Fehler wie beim Kundenmanagement. Sie investieren massiv in die Zufriedenheit der Mitarbeiter – und kümmern sich zu wenig um ihre emotionale Bindung. So schaffen sie aber höchstens „Unternehmensbewohner“, die sich zwar sehr wohl fühlen, aber nicht unbedingt loyal und gewinnbringend sind. Die Studie „Mitarbeiterfocus Deutschland“ zeigt: Nur jeder fünfte Unternehmensmitarbeiter in Deutschland ist ein Fan seines Arbeitgebers. Dies ist mit Blick auf den massiven Fachkräftemangel und die demografischen Entwicklungen ein Desaster. Ein Paradigmenwechsel von Zufriedenheit zu Fantum ist somit dringend erforderlich, und zwar bei Kunden und bei Mitarbeitern.

„Kunden begeistern und zu Fans machen – das gelingt nur Führungskräften und Mitarbeitern, die ganz klar die zentralen Bedürfnisse ihrer Kunden kennen, verstehen und an jedem Kontaktpunkt orchestriert bedienen.“

ROMAN BECKER

Roman Becker ist Entdecker des Fan-Prinzips, Autor des gleichnamigen Management-Bestsellers sowie Pionier und Marktführer in der Analyse von emotionaler Kundenbindung. Er ist Geschäftsführender Gesellschafter des Marktforschungs- und Beratungsunternehmens 2HMforum. in Mainz und berät national und international Unternehmen auf dem Weg zu mehr Erfolg durch FANOMICS – das Fan-Prinzip in der Wirtschaft. Roman Becker ist großer Fan des 1. FSV Mainz 05 – und zwar nicht nur in der Sparte Fußball, sondern auch im Tischtennis. Er gestaltet sowohl Beruf als auch Privates nach dem Leitspruch des Schriftstellers und Humanisten Wilhelm von Humboldt: „Im Grunde sind es immer die Verbindungen mit Menschen, die dem Leben seinen Wert geben.“

„Unsere Kunden entscheiden, über welchen Kanal ihr Anliegen gelöst wird“

Mit Bijan Esfahani, Leiter der Telekom Shops, und Dietmar Keller, Leiter der Telekom Hotline für Privatkunden, haben wir über die Wünsche der Kunden, die Zusammenarbeit ihrer Teams und das perfekte Omnichannel-Erlebnis gesprochen. Dabei ging es auch um nervige Roboter, überraschende Momente und den Unterschied zwischen Zufriedenheit und Begeisterung.

Herr Keller, Sie verantworten die Privatkunden-Hotline der Telekom. Wann und wo waren Sie zuletzt in einem Telekom Shop?

Dietmar Keller: Zuletzt war ich in Düsseldorf. Dort habe ich meinen „X-Day“ gemacht. Mit diesem Programm ermöglichen wir allen Führungskräften, selbst mal in die Rolle des Shop-Verkäufers oder der Hotline-Beraterin zu schlüpfen, um die Wünsche unserer Kunden noch besser zu verstehen. Dazu war ich den kompletten Tag im Shop – und das war super!

Warum hat Ihnen diese Erfahrung so gut gefallen?

Keller: Das Schöne im Shop ist der direkte Kontakt mit den Menschen. Ihre Gestik und Mimik unmittelbar mitzubekommen – das fehlt bei uns an der Hotline. Außerdem waren alle Kolleginnen und Kollegen sehr kompetent und engagiert. Es herrschte eine tolle Atmosphäre, in der nicht nur ich mich pudelwohl gefühlt habe, sondern auch die Kunden. Darum wundert es mich nicht, dass der Düsseldorfer Shop im Connect-Test die Bewertung „überragend“ erhalten hat – mit voller Punktzahl.

Bei allem Lob, was können die Shops noch besser machen?

Keller: Es hätten an diesem Tag noch ein paar mehr Kunden den Weg in unseren Shop finden können – trotz Pandemie. Die Fußgängerzone war voll. Aber ich weiß, dass Bijan und seine Teams permanent am Thema „Kundenfrequenz“ arbeiten. Sprich, wie kriegen wir die Menschen in unsere Läden, zum Beispiel durch neue Angebote, Aktionen, Workshops und eine einladende Gestaltung. Das ist ein Dauerthema.

Und wie ist es bei Ihnen, Herr Esfahani? Wann hat der Shop-Chef zuletzt die Hotline angerufen?

Bijan Esfahani: Ich habe erst letzte Woche angerufen und wirklich gute Erfahrungen gemacht. Die Kollegin hat alles dafür getan, mein Problem zu lösen. Und ihr Verhalten war nicht gekünstelt, nach dem Motto: Das muss ich so machen, weil mein Chef mir das sagt. Ich hatte das Gefühl, dass sie das gerne macht und aufrichtig um ihre Kunden bemüht ist. Das fand ich klasse, so muss es sein.

Was finden Sie an der Hotline grundsätzlich nicht so klasse?

Esfahani: Was mich manchmal noch etwas stört, ist der vorgeschaltete Roboter. Der stellt mir viele Fragen, versteht mich aber nicht immer. Das ist ein kleiner Parcours, den man als Kunde erst mal überwinden muss, um zum richtigen Berater zu gelangen. Diese Vorsortierung ist zwar sinnvoll und auch schon besser geworden. Aber ich glaube, das kriegen wir noch kürzer und verständlicher hin.

Wenn Sie auf den Kanal des jeweils anderen schauen, was können Sie voneinander lernen?

Keller: Die Shops qualifizieren ihre Mitarbeitenden extrem fokussiert für neue Themen. Sie schaffen es immer sehr schnell, neue Angebote aufzunehmen und erfolgreich umzusetzen – trotz kurzer Vorbereitungszeit. Ich denke, da können wir noch von lernen.

Esfahani: Was ich an der Hotline ganz stark finde, ist das Thema „Persönlicher Rückruf“. Dieser Service begeistert unsere Kunden wirklich. Auch mein Bruder war nach seinem Umzug positiv überrascht: Die Kollegen hatten ihren Rückruf angekündigt, um zu fragen, ob alles geklappt hat. Und dann meldete sich tatsächlich derselbe Berater

„Das Schöne im Shop ist der direkte Kontakt mit den Menschen. Ihre Gestik und Mimik unmittelbar mitzubekommen – das fehlt bei uns an der Hotline."

DIETMAR KELLER

Dietmar Keller arbeitet seit dem Jahr 2000 für die Telekom. Hier ist er für alle Mitarbeitenden an der Service-Hotline verantwortlich. Vor seiner Telekom-Zeit war er Leiter Marketing & Vertrieb beim einstigen Mobilfunk-Wettbewerber E-Plus. Als Hotline-Chef ist Keller auch Schirmherr der jährlichen ZDF-Spendengala zugunsten „Ein Herz für Kinder", bei der rund 2.000 Telekom-Mitarbeitende ehrenamtlich die Spenden-Hotline betreuen. Sein Herz schlägt für den Fußballbundesligisten Borussia Mönchengladbach.

zurück, mit dem mein Bruder im Vorfeld gesprochen hatte. Das hatte er nicht erwartet. Von dieser Serviceorientierung – also zu sagen, ich bin von Anfang bis Ende für den Kunden da – können wir uns als Shop-Team vielleicht noch etwas abschauen.

Keller: Da fällt mir noch ein: Wie die Kollegen in den Shops Mobilfunk und Festnetz gleichermaßen beraten, finde ich ebenfalls beeindruckend. Da können wir an der Hotline noch zulegen. Da wir für die Problemlösung oft ein tieferes Fachwissen benötigen, sind wir heute noch spezialisierter. Aber an der Konvergenz arbeiten wir und wollen sie ebenso gut hinbekommen.

Esfahani: Das ist natürlich auch für uns ein ständiger Spagat: breites Wissen hier, Spezialisierung dort. Im Grunde soll jeder Mitarbeitende Generalist sein und unsere Kunden umfassend beraten können. Für bestimmte Themen brauchen wir aber doch Spezialisten. Darum haben wir zum Beispiel Apple-Champions ausgebildet, die sich mit iPhones und iPads bestens auskennen, oder unsere GK-Spezialisten, die in unseren Geschäftskunden-Lösungen besonders fit sind. Nur so können wir unserem Anspruch an eine bestmögliche Kundenberatung gerecht werden.

Stichwort „bestmögliche Kundenberatung“: Die Telekom hat auch den Anspruch, ihren Kunden das beste Omnichannel-Erlebnis der Branche zu bieten. Das heißt, alle Kanäle sind nahtlos miteinander vernetzt. Klappt das schon?

Keller: Noch nicht perfekt, aber immer besser. Wir haben bundesweit 14 Regiocenter eröffnet. Hier schauen wir, dass wir unseren Kunden aus der Region möglichst im ersten Kontakt weiterhelfen können. Dafür arbeiten unsere Privatkunden-Hotline, der technische Kundenservice, unser Außendienst, aber eben auch die Shops und sogar die Kollegen aus der Technik Hand in Hand. Überall dort, wo es Schnittstellen gibt, haben wir für eine schnelle Kundenlösung kurze Wege etabliert. Die Teams sitzen räumlich oder zumindest virtuell zusammen. Die Zusammenarbeit läuft schon gut, wir werden sie aber auch noch reibungsloser gestalten.

Esfahani: Entscheidend ist, dass ich Kunden, bei denen etwas schiefläuft, schnell und pragmatisch – über Bereichsgrenzen hinweg – helfen kann. Silos aufbrechen, als „One Company“ denken und handeln, das ist etwas, wo wir deutlich besser geworden

„Dem Kunden, der ein Anliegen hat, ist es völlig egal, wer für welchen Bereich zuständig ist. Für ihn sind wir schlicht die Telekom und von der erwartet er eine Lösung.“

BIJAN ESFAHANI

Bijan Esfahani ist seit 1998 bei der Telekom und seit 2019 für die rund 440 eigenen Shops verantwortlich. Mit seinem Team verwandelt er die Stores derzeit von einem „Point of Sale“ zu einem „Point of Experience“, an dem die Kunden diverse digitale Lösungen live erleben können. Zuvor war er unter anderem drei Jahre für die Vertriebspartner des Unternehmens zuständig. Mit Interviewpartner Dietmar Keller teilt er die Leidenschaft für die „Fohlenelf“. Esfahani ist großer Fan von Borussia Mönchengladbach.

sind. In jeder Region gibt es etwa das „Magenta-Telefon“ oder den „Magenta-Chat“. Wenn ich bei einem kritischen Kundenanliegen mit den Standardprozessen nicht weiterkomme und schnell Unterstützung benötige, erreiche ich hiermit auf kurzem Dienstweg die richtigen Ansprechpartner. Früher wurde der Kunde oft weitergeleitet und niemand fühlte sich zuständig. Jetzt kann ich dem Kunden oft im ersten Kontakt eine Lösung bieten, indem ich bestimmte Dinge über mein Netzwerk im Hintergrund direkt für ihn kläre.

Keller: Das Erfolgsgeheimnis ist in der Tat, sich zu kennen. Darum legen wir Wert darauf, dass die Zusammenarbeit nicht nur digital gestützt organisiert ist, sondern dass unsere Mitarbeitenden gemeinschaftlich für den Kunden da sind, immer wieder miteinander reden und so auch gegenseitiges Vertrauen aufbauen.

Esfahani: Und das muss auch so sein! Dem Kunden, der ein Anliegen hat, ist es völlig egal, dass der Dietmar Keller für einen anderen Bereich zuständig ist als der Bijan Esfahani. Für ihn sind wir schlicht die Telekom und von der erwartet er eine Lösung – möglichst direkt, ohne unnötige Weiterleitungen.

Wie versuchen Sie denn, Ihre Teams noch näher zusammenzubringen?

Keller: Da gibt es verschiedene Ansätze. Wir haben etwa in unserer Geschäftsleitung Patenschaften für die einzelnen Regiocenter definiert. Als Pate habe ich wöchentliche Meetings mit den Kolleginnen und Kollegen vor Ort und der jeweiligen Führungscrew. In diesen bereichsübergreifenden Meetings sprechen wir darüber, wo wir aktuell stehen, wie wir unsere Zusammenarbeit weiter verbessern können und welche Maßnahmen es dafür braucht. Das ist immer ein sehr offener und wertvoller Austausch.

Esfahani: So ist es! Es geht darum, viel miteinander zu sprechen – und auch konkret an Themen zu arbeiten: Was sind die größten „Pain Points“ der Kunden in der Region? An welchen Stellen haben wir immer wieder Beschwerden? Wie können wir die abstellen, damit unsere Kunden zufriedener sind? Und das ist das Gute daran, dass wir jetzt als Sales & Service ein gemeinsames Team sind: Wenn wir vorne im Shop dem Kunden etwas falsch kommunizieren oder ihn falsch bedienen und hinten an der Hotline kommen Beschwerden rein, erhalten wir jetzt umgehend eine Rückmeldung und können gegensteuern. Früher haben wir so etwas erst nach Wochen oder Monaten erfahren. Der Austausch und Informationsfluss ist heute viel besser. Das ist im Endeffekt das, was zum Erfolg führt. Und es macht unseren Mitarbeitenden zudem noch Spaß, weil es ihre Arbeit erleichtert und unsere Kunden glücklicher macht.

Und man lernt den anderen Bereich besser kennen ...

Esfahani: Genau! Wir bieten zum Beispiel seit einigen Monaten in größeren Shops eine Smartphone-Reparatur an. Wahrscheinlich wissen das noch immer nicht alle Mitarbeitenden von Dietmar. Aber wenn ein Kunde anruft, können die Hotline-Kollegen ihm einen Termin im nächstgelegenen Shop buchen. Er geht dorthin und wir reparieren sein kaputtes Display. Trotz aller Info-Tools, die wir haben, kriegst du das manchmal nur mit, wenn du dich mit den Kollegen in deiner Region regelmäßig austauschst. Denn wir erweitern unser Angebot permanent um neue Produkte und Services.

Wenn ein Telekom-Kunde sein Anliegen über denselben Kanal gelöst haben will, soll das möglich sein. Wenn er hingegen den Kanal wechseln möchte, weil er etwa einen neuen Router an der Hotline bestellt und ihn im nächsten Shop abholen will, soll

das auch gehen. Was ist für Sie schwieriger zu realisieren: Dem Kunden über einen Kanal von Ende zu Ende zu helfen oder die Kanäle nahtlos miteinander zu vernetzen?

Keller: Das Letztere. Sobald es um Verkauf geht, wird es schwierig, den Kunden von einem Kanal in den anderen wandern zu lassen. Dieses Problem haben nicht nur wir, sondern alle Vertriebsunternehmen. Die Kollegen an der Hotline möchten selbst den Abschluss machen, wenn ein Kunde nach einem neuen Handy fragt – wegen des Erfolgserlebnisses und der Prämie. Dann schickt er den Kunden nicht in den Shop, um es dort zu kaufen. Das ist vertrieblich völlig verständlich, aber hier müssen wir viel stärker auf die Wünsche unserer Kunden hören. Die müssen im Vordergrund stehen. Wenn wir unsere Kunden zu Fans machen wollen, brauchen wir eine größere Durchlässigkeit. Und dafür brauchen wir auch Prämiensysteme, die berücksichtigen, dass möglicherweise zwei Kollegen am Abschluss beteiligt waren und somit beide eine Prämie erhalten.

Esfahani: Letztlich sollte immer der Kunde entscheiden können, was er tut. Er entscheidet, ob er den Kanal wechseln möchte, und er entscheidet, wo er sein Anliegen abschließen möchte.

Sie versuchen, den reibungslosen Kanalwechsel auch technisch zu unterstützen. MagentaView ist ein Tool, das erst an der Hotline verfügbar war, jetzt auch in den Shops. Was bringt es Ihnen?

Esfahani: MagentaView bietet eine 360-Grad-Sicht auf den Kunden und seine Kundenhistorie. Bisher hatten wir je nach Kanal unterschiedliche Tools und Einsichten. Durch MagentaView schaffen wir eine einheitliche Sicht und diese hilft extrem, eben genau diesen Kanalwechsel hinzubekommen. Wenn der Kunde den Kanal wechselt, haben alle die gleichen Infos über seine Mobilfunk- und Festnetzverträge, Produkte, Rechnungen und Anliegen. Der Kunde muss sich also nicht immer wieder neu erklären. So können wir ihn sehr schnell sehr gut beraten.

Keller: Unsere Kunden nehmen es extrem positiv wahr, dass wir ihnen nicht irgendetwas anbieten, weil wir es gerade vermarkten möchten, sondern uns mithilfe von MagentaView daran orientieren, was gut zu ihnen und ihrem Umfeld passt. In Zukunft soll das Tool nicht nur unser zentraler Blick auf den Kunden sein, sondern das zentrale System, mit dem wir alle konvergent arbeiten, den Kunden beraten und darin auch direkt neue Tarife und Produkte buchen – ganz einfach, ohne großen Schulungsaufwand für zig Systeme.

Esfahani: Das ist eben auch wichtig: Wir haben einen hohen Qualifizierungsaufwand für verschiedene Systeme und Prozesse. Das ist alles Kundenzeit, die verloren geht. Und mehr Zeit für den Kunden zu schaffen, bedeutet am Ende auch eine höhere Kundenzufriedenheit. Auch die schnelleren, einfacheren Prozesse wirken sich positiv auf die Kundenzufriedenheit aus. Insofern ist MagentaView eine Win-win-Situation, wenn es künftig alle Funktionalitäten enthält, die uns vorschweben.

Woran machen Sie fest, ob Sie auf dem richtigen Weg sind, immer mehr Telekom-Kunden zu Fans zu machen? Und wie wichtig ist dabei der NPS?

Keller: In unseren Servicecentern messen wir verschiedene Kennzahlen: Die Erreichbarkeit unserer Hotlines und die Wartezeiten spielen für uns eine große Rolle. Aber auch die Erstlösungsquote, also wie häufig gelingt es uns, das Kundenanliegen gleich auf Anhieb zu lösen. Und wir sind gerade dabei, den NPS als zusätzliche Messgröße für Kundenzufriedenheit zu etablieren. Schon bald wird das unser wichtigster Kun-

„Wir sind gerade dabei, den NPS als zusätzliche Messgröße für Kundenzufriedenheit zu etablieren. Schon bald wird das unser wichtigster Kunden-KPI sein.“

den-KPI sein. Denn daran können wir auch übergreifend festmachen, wie zufrieden unsere Kunden mit uns sind und wie weit wir sie schon zu Fans machen. Wichtig ist in diesem Zusammenhang unser Regio-Dashboard, mit dem wir uns die bereichsübergreifenden Kennzahlen für die einzelnen Regiocenter anschauen, auch den NPS.

Esfahani: In den Shops konzentrieren wir uns stark auf die Beschwerden und Beschwerdegründe. Auch die Google-Bewertungen schauen wir uns jeden Tag an, um zu sehen, welches Feedback uns die Kunden geben und was wir in ihrem Sinne noch verbessern können. Kundenrezensionen spielen eine immer wichtigere Rolle. Bei jedem Restaurantbesuch, bei jeder Hotelbuchung schaue ich vorher, was andere Kunden darüber sagen. Solche Kundenzufriedenheits-KPIs haben für uns mittlerweile eine viel größere Bedeutung als noch vor ein paar Jahren. Da haben wir sehr stark auf Sales-KPIs geschaut – was wir immer noch tun. Aber die Kundenzufriedenheit ist für uns in den Shops inzwischen genauso wichtig. Unsere Mitarbeitenden müssen heute die Kombination aus erfolgreichem Verkaufen und bestem Service hinkriegen, daran messen wir unseren Erfolg.

Letzte Frage: Begeisterte Kunden sind die besten Verkäufer. Stimmen Sie zu?

Keller: Absolut! Absolut! Deshalb wollen wir Kunden zu Fans machen. Fans oder begeisterte Kunden helfen natürlich beim Verkaufen, denn sie berichten anderen gerne von ihren Erfahrungen. Deshalb ist es für uns so wichtig, unsere Kunden zufriedenzustellen und dann in die nächste Stufe – die Begeisterung – zu gehen. Die Gespräche mit diesen Kunden machen einfach Spaß. Und das gilt dann für beide Seiten.

Esfahani: Und wir gehen sogar noch weiter: Zufriedenheit ist das eine. Begeisterung ist nochmal eine Stufe drüber und das ist unser Anspruch. Damit wollen wir den Unterschied im Markt machen. Begeistern heißt, den Kunden zu überraschen, seine Erwartungen überzuerfüllen. Wenn uns das gelingt, erzählen die Kunden ihr Erlebnis auch Freunden und Bekannten weiter. So wie mein Bruder von seinem persönlichen Rückruf einfach jedem erzählt hat, weil ihn das überrascht hat und er es so cool fand. Und solche Kunden sind in der Tat die besten Verkäufer.

„Unternehmerischer Erfolg setzt ein Verständnis für die Bedürfnisse der Kunden voraus“

Der diplomierte Wirtschaftsingenieur und promovierte Finanzexperte Professor Ulrich Lehner war viele Jahre lang in führenden Positionen der deutschen Wirtschaft tätig, unter anderem als Aufsichtsratsvorsitzender der Deutschen Telekom. Warum es wichtig ist, einfach mal selbst mitanzupacken, und weshalb es neben Kundenbegeisterung auch Unternehmensbegeisterung braucht, erklärt er im Interview.

Herr Professor Lehner, was hat Sie persönlich zuletzt als Kunde begeistert?

Die Serviceorientierung der Schweizer Bahn, als ich telefonisch meinen bereits abgelaufenen Halbtax-Bahnpass verlängern und bezahlen konnte. Die Dame am Telefon war kompetent, ideenreich, höflich und humorvoll.

Um auch als Vorstandsvorsitzender Ihren Endkunden so nah wie möglich zu kommen, sind Sie seinerzeit bei Henkel zu den Menschen nach Hause gegangen und haben, wie Sie dem Handelsblatt sagten, „mit denen gespült, gewaschen und das Bad gereinigt". Hand aufs Herz: War das nicht einfach Pragmatismus, im Sinne von praktizierter Marktforschung, oder inwieweit hat – im Zusammenhang mit Kundenliebe – auch Empathie eine Rolle gespielt?

Die Tatsache, dass ich gemeinsam mit den Mitarbeitern zu den Leuten nach Hause gegangen bin, trug eher indirekt zur Marktforschung bei. Vielmehr ging es mir darum, Interesse an der Arbeit der Mitarbeiter zu zeigen und den Endkunden meine Marktnähe zu signalisieren. Denn es ist schon etwas Besonderes, wenn der Chef einen einzelnen Mitarbeiter und Kunden trifft. Es gab mir die Möglichkeit, die Menschen näher kennenzulernen – auch stellvertretend für die vielen anderen Mitarbeiter und Kunden –, mit ihnen über das Unternehmen zu sprechen und mehr über ihre Freuden und Sorgen zu erfahren. Und, Chef und Mitarbeiter tun in diesem Moment dasselbe – sie kümmern sich um einen Kunden.

Wie haben die Kunden auf diese besonderen Begegnungen reagiert?

Die meisten waren völlig überrascht, dass ich mit dabei war, und genossen offensichtlich das Gespräch über die vielen kleinen und großen Dinge des Alltags. Hier wird dann auch wieder deutlich, dass die Umsatzziele der Gewinn- und Verlustrechnung das Ergebnis einer Unmenge von einzelnen Kaufentscheidungen, also Entscheidungen für das Produkt dieses Unternehmens, sind. Das hilft zurück zur Bescheidenheit und zur Einsicht über die Situation am Point of Sale. Und es verdeutlicht: Das Verständnis der Kundenbedürfnisse ist eine grundlegende Voraussetzung für den unternehmerischen Erfolg.

Den Spielraum für solche Exkursionen hatten Sie in vielen anderen Ihrer Mandate sicherlich weniger. Welche Optionen bleiben den Aufsichtsgremien großer Unternehmen – Sie waren selbst bis April 2022 insgesamt 14 Jahre lang Aufsichtsratsvorsitzender der Deutschen Telekom –, sich mit den Bedürfnissen der Kunden auseinanderzusetzen?

Der Aufsichtsrat muss mit dem Geschäftsmodell des Unternehmens vertraut sein und dazu gehören sicherlich, die Bedürfnisse des Kunden zu verstehen und deren Einflussgrößen zu kennen. Darüber hinaus hat er bei der Überwachung der Vorstandstätigkeit dafür zu sorgen, dass die Bedürfnisse der Kunden und deren Erfüllung angemessen behandelt werden. Bei der Deutschen Telekom ist die Kundenzufriedenheit Bestandteil des Vergütungssystems und wird daher laufend in Zielsetzung und Ist-Werten erfasst. Aber klar ist auch: Der Zugang zum Geschäftsmodell und zur Bedürfnisstruktur der Kunden ist in den einzelnen Branchen und Industrien sehr unterschiedlich.

Welche Faktoren sind essenziell, um Kunden nicht nur zufriedenzustellen, sondern zu begeistern?

Den Kunden zufriedenzustellen ist an sich schon ein hohes Ziel, das oft nicht erreicht wird. Um zu begeistern, muss ein klares Bild vom Nutzenprofil des Produkts vorliegen – mit seiner Korrelation zu den verschiedenen Stufen der Bedürfnishierarchie des Kunden. Für die Deutsche Telekom bedeutsam ist neben dem reinen Produktnutzen die multidimensionale Servicefunktion. Allerdings darf man hierbei die Kosten-Preis-Relation nicht aus den Augen verlieren – es gilt, Kundenbegeisterung und Unternehmensbegeisterung ins Gleichgewicht zu bringen.

> **„Den Kunden zufriedenzustellen ist an sich schon ein hohes Ziel, das oft nicht erreicht wird. Um zu begeistern, muss ein klares Bild vom Nutzenprofil des Produkts vorliegen – mit seiner Korrelation zu den verschiedenen Stufen der Bedürfnishierarchie des Kunden."**

Ist die Kundenliebe, die Unternehmen beim Umgang ihrer Mitarbeiter mit den Kunden einfordern, ein belastbarer KPI oder eher als weicher Faktor zu sehen?

Kundenliebe als solche taugt sicher nicht als KPI. Die Bestimmungsgründe der Kundenliebe müssen operativ definiert werden. Dann können sie als belastbare KPI herangezogen werden. Bevor allerdings zu viel gemessen wird, braucht es einen Philosophie-Gleichklang. Das heißt, alle müssen ein klares Verständnis von dem haben, was die Kundenliebe ausmacht, was die Stellgrößen sind und in welchem Grad sie sinnvollerweise umgesetzt werden sollen.

Hat sich Ihrer Einschätzung nach die Art und Weise, wie Unternehmen auf die Bedürfnisse ihrer Kunden eingehen, in den letzten Jahren verändert?

Wenn ich die schwierige, generalisierende Antwort geben würde, dann „ja". Der große historische Bruch zwischen der Nachfragewirtschaft und der Angebotswirtschaft der Nachkriegszeit hat kontinuierlich zu einem Angebotsüberschuss geführt. In der Angebotswirtschaft von damals herrschte ein gewaltiger Nachfrageüberhang. Die verfügbaren Güter waren knapp. Was da war, fand seinen Käufer.

Heute befinden wir uns eher in einer Nachfragewirtschaft, das heißt, die Nachfrage dominiert. Das Angebot ist reichlich; der Hersteller wirbt um die Kunden. Begrifflichkeiten wie Kundenorientierung, Kundenzentrierung und Kundenzufriedenheit spiegeln diese notwendige Fokussierung auf den Kunden wider.

„Wir befinden uns heute in einer Nachfragewirtschaft, das heißt, die Nachfrage dominiert. Das Angebot ist reichlich; der Hersteller wirbt um die Kunden."

Sie sind studierter Wirtschaftsingenieur und hatten in Ihrer beruflichen Laufbahn stets mit Finanzen und Controlling zu tun. Wie schafft man sich in einer zahlenorientierten Welt überhaupt „Raum" für das eher emotional getriebene Thema der Kundenliebe?

Das ist eine interessante Frage. Controlling zielt auf ein zukunftsfähiges, nachhaltiges Unternehmen ab. Finanzielle Ziele stellen sich nur ein, wenn die operativen Stellgrößen richtig realisiert wurden. Oder anders formuliert: Wenn man das Richtige tut, aber auch nur dann, stellt sich finanzieller Erfolg ein. Deshalb ist der Mittelpunkt des Controllings, strategisch und operativ das Richtige zu tun. Ich muss jedoch hinzufügen, dass zum Richtig-Tun natürlich das „Richtige-richtig-tun" gehört. Hier agieren Kopf, Herz und Bauch gemeinsam. Das Vorgehen muss authentisch sein, getragen von Empathie, erst dann ist es glaubwürdig und wirkt auf alle Beteiligten. Zum Richtig-Tun gehört auch unbedingt die Zukunftsorientierung: Wie entwickeln sich die Bedürfnisse des Kunden morgen und übermorgen? Hier braucht es die holistische Sicht der Kundenbedürfnisse im Rahmen der fortwährenden Umfeldveränderungen.

Am Ende besteht das Unternehmensinteresse in der Erfüllung des Kundeninteresses. Und daher steht das Kundeninteresse, die Kundenliebe, am Anfang.

Zufriedene Kunden treiben **Umsatz.**

Loyale Kunden treiben → **Profitabilität.**

Unternehmen müssen sich wettbewerbsfähig aufstellen, Kunden von ihren Angeboten überzeugen und bestenfalls deren Loyalität gewinnen. Zur erfolgreichen Bewältigung dieser Aufgabe kann die Verständigung auf einen höheren Unternehmenszweck einen wesentlichen Beitrag leisten. Mit einem klar erkennbaren Corporate Purpose lassen sich Mitarbeiter wie Kunden für die Marke und deren Werte begeistern und langfristig ans Unternehmen binden, sagt die Expertin für strategische Unternehmens- und Markenführung Dr. Annette Bruce.

Dass es günstiger ist, bestehende Kunden zu halten, als neue zu werben, ist inzwischen in allen Führungsebenen angekommen. Kundenbindung und damit ein hoher Customer Lifetime Value sind wichtige Kennziffern für den Erfolg eines Unternehmens. Loyale Kunden sind heute für uns das Wertvollste, das ein Unternehmen besitzen kann. Sie sind Umsatzgaranten, Markenbotschafter, Versicherung für schlechte Zeiten, Schutz vor eifrigen Wettbewerbern und Indikator für alles, was sich im Marktumfeld und vor allem in der Zielgruppe tut.

Ohne hervorragende Produkte, eine attraktive Marke, guten Service und ein wettbewerbsfähiges Preis-Leistungs-Verhältnis sind loyale Kunden – auch bei größtem Einsatz des Vertriebs – nicht zu haben. Aber selbst wenn diese Parameter gegeben sind, verpassen es viele Unternehmen, Kunden langfristig zu binden. Selten trägt hierfür der Vertrieb die Verantwortung.

Da ist zum Beispiel das E-Commerce-Unternehmen mit der hervorragenden Abteilung für Suchmaschinenmarketing (SEM) – hochgelobt in der Branche für den cleveren Einsatz ihrer Tools und Spendings. Das SEM-Team ist so zufrieden mit sich und seiner Kompetenz, sieht aber nicht, dass es seine Aufgabe zwar sehr gut erfüllt, mit loyalen Kunden aber noch viel erfolgreicher sein könnte. Nicht zuletzt ließen sich damit die SEM-Spendings bei gleichem Umsatz dramatisch reduzieren. Oder Unternehmen aus der Branche der Fast-Moving Consumer Goods (FMCG), deren Vertriebsmannschaft auf Vermeidung von Listungsgeldern geschult wird statt auf Kundenzufriedenheit. Oder der Dienstleister, der auf Neukundengewinnung ausgerichtet ist und dem die Kennzahl „Kundenloyalität" schlicht fehlt.

Ihnen allen ist gemein, dass sie sich auf Spendings und messbare Parameter stützen, um Kunden zu binden. Dabei sind Kunden Menschen und damit eben nicht nur rationale Wesen, die ihre Kaufentscheidung auf dem Excel Sheet treffen, sondern geleitet werden von Gefühlen, Einstellungen, Werten und Präferenzen.

Attraktiver für Talente

Wir erleben zurzeit den vielleicht größten Wandel wirtschaftlicher Grundwerte seit dem Zweiten Weltkrieg. Umsatzrekorde, Marktanteilsgewinne und zufriedene Aktionäre stellen für heutige Konsumenten, insbesondere die jüngeren Generationen, keine alleinige öko-

„Von Unternehmen wird erwartet, dass sie Umweltschutz, Nachhaltigkeit und soziale Gerechtigkeit, die großen Themen unserer Zeit, in ihren Werten fest verankern und Verantwortung für diese übernehmen."

nomische Daseinsberechtigung mehr dar. Von Unternehmen wird erwartet, dass sie Umweltschutz, Nachhaltigkeit und soziale Gerechtigkeit, die großen Themen unserer Zeit, in ihren Werten fest verankern und Verantwortung für diese übernehmen.

Für Unternehmen und Marken lohnt sich die Auseinandersetzung mit den eigenen Werten und Zielen. Zum Beispiel macht es sie deutlich attraktiver am Arbeitsmarkt. Erste Studien zeigen, dass Firmen mit einem klar definierten und kommunizierten Unternehmenszweck, also einem Corporate Purpose, sowohl überdurchschnittliche Kundenloyalität und Wachstum als auch höhere Mitarbeiterzufriedenheit und geringere Fluktuation aufweisen. So bestätigen knapp zwei Drittel der befragten Führungskräfte in einer Purpose-Studie (Kienbaum, 2020)[1], dass sich die Neukundengewinnquote nach Einführung eines Purpose erhöht hat, und 57 Prozent berichten, dass sich die Vertriebsleistung verbessert hat. Darüber hinaus bewerten die befragten Managerinnen und Manager die Kundenbindung mit 4,6 und die Kundengewinnung mit 4,2 von 5 Punkten.

Insgesamt zeigt sich in ersten Studien, dass Unternehmen mit Purpose innovativer und produktiver sind, dass sie die besseren Talente rekrutieren und halten und dabei die Börsenwerte vergleichbarer Unternehmen überflügeln. Gleichzeitig wirtschaften sie nachhaltiger, haben einen positiven sozialen und ökologischen Einfluss und stärken das wirtschaftliche Ökosystem, von dem sie abhängen.

Zwischen Buzzword und Wunderwaffe

Doch was genau verbirgt sich hinter dem Konstrukt Purpose? Was kann es im Unternehmen leisten?

Aufgrund der positiven Resonanz, die der Begriff bisher erfahren hat, überrascht es nicht, dass sich viele Unternehmen ein gut klingendes Statement ausdenken und dieses zu ihrem Corporate Purpose erklären, um von den Vorteilen zu profitieren. In der Regel drücken Unternehmen dabei in einem empathischen Statement aus, in welcher Art und Weise sie dazu beitragen wollen, die Welt zu einem besseren Ort zu machen.

Das Problem ist, dass es sich bei diesen Statements häufig sehr viel mehr um einen kommunikationswirksamen Marketing Claim handelt als um einen ernstzunehmenden Corporate Purpose. Denn ein Corporate Purpose muss den Kern einer ganzheitlichen Unternehmensstrategie bilden, soll er für Unternehmen und Gesellschaft die Vorteile erbringen, die er leisten kann. Konkret bedeutet das: Er muss Teil der Wertschöpfungskette werden und darf anders als CSR-Projekte im Allgemeinen nicht nur einen Kostenfaktor darstellen. Als definitorische Abgrenzung soll deshalb nach Bruce/Jeromin (Bruce, 2020)[2] gelten:

„Corporate Purpose definiert den höheren Unternehmenszweck, der über die reine Gewinnorientierung hinausgeht und entweder im lokalen Umfeld des Unternehmens oder dem globalen Marktumfeld einen Mehrwert schafft, kurz gesagt: das ‚sinnstiftende Warum' hinter der Existenz eines Unternehmens."

Auch wenn Purpose nicht Erfolgsgarant ist, so wirkt er doch auf vielen unterschiedlichen Ebenen.

1. Mehrwert – Marktumwelt und externe Stakeholder: Purpose-orientierte Unternehmen zeigen positive Auswirkungen auf die Marktumwelt und relevante externe Stakeholder, die sozial, ökologisch oder gesellschaftlich als förderlich zu bewerten sind.

2. Mensch – Unternehmen und Mitarbeiter: Purpose-orientierten Unternehmen fällt es deutlich leichter, die passenden Mitarbeiter zu finden, zu gewinnen, zu fördern und zu binden.

3. Markt – Kunden und Wettbewerbsfähigkeit: Purpose-orientierte Unternehmen zeigen überdurchschnittlichen wirtschaftlichen Erfolg, wofür insbesondere die im Vergleich zum Wettbewerb loyaleren Kundenbeziehungen verantwortlich sind.

Jenseits klassischer Kennzahlen

Purpose gehört nicht zu den Konstrukten, die eine kleine, schlagkräftige und hochmotivierte Gruppe im Unternehmen durchsetzen kann. Für Purpose bedarf es – will man die vielfältigen Früchte ernten – einer von der Führungsebene zumindest getragenen, wenn nicht gar initiierten Unternehmensentscheidung, die den neuen Nordstern aller unternehmerischen Aktivitäten darstellt.

Denn ein Unternehmen, das die Welt verändern will, muss in erster Linie sich selbst verändern. Nur dann kann der Purpose als Nordstern wirken und Orientierung stiften – sowohl für Kunden und Stakeholder als auch gegenüber den eigenen Mitarbeiterinnen und Mitarbeitern. Er führt damit zu einer sinnstiftenden, am Wohl aller orientierten, innovativen und profitablen Organisation.

„Für Purpose braucht es Führungskräfte, die sich herauswagen aus den gelernten Mechanismen, die Visionen, Ideen und entsprechende Kompetenzen haben, Wertschöpfungsketten neu zu denken."

Skeptische Stimmen stellen Fragen wie: „Muss jetzt jedes Putzmittel die Welt retten?" Nein, das muss es nicht. Aber Unternehmen und Marken können Beiträge leisten, die über Nutzen und positive Effekte klassischer marktwirtschaftlicher Erfolgskennzahlen hinausgehen. Denn es zeigt sich, dass diese langfristig auch positive Effekte auf den finanziellen Erfolg des Unternehmens haben und beide Welten eine fruchtbare Symbiose eingehen können.

Brave New Leaders: Es braucht Mut

Um dem hohen Anspruch an Corporate Purpose gerecht zu werden, braucht es keine Abteilungen im Unternehmen, sondern neue Führungskräfte – „Brave New Leaders" – die es wagen, neue Wege zu gehen und die Verantwortung dafür zu übernehmen. Denn für alle, die sich auf den Weg zur Entwicklung eines Corporate Purpose machen wollen, sei im Vorfeld gesagt: Es ist nicht mit einer von der Agentur hübsch umgesetzten Kommunikationsidee getan. Für Purpose kommt es auf den Einzelnen an und der braucht viel Mut, Durchhaltevermögen und eine starke Vision, um ein Unternehmen „purpose first" zu führen. Für Purpose braucht es Führungskräfte, die sich herauswagen aus den gelernten Mechanismen, die Visionen, Ideen und entsprechende Kompetenzen haben, Wertschöpfungsketten neu zu denken. Ziel sollte es sein, dass Wirtschaft und Gesellschaft sich auf gemeinsame Interessen verständigen und diese verfolgen. Nur so haben wir eine Chance, die großen Probleme unserer Zeit zu lösen.

Brave Future: Purpose leben

Immer mehr Unternehmen und Marken machen sich auf den Weg – unterschiedlich schnell, unterschiedlich konsequent. Social-Business-Gründungen wie Lemonaid oder Viva con Agua haben es in diesem Sinne einfacher, da sie sich von Anfang an Purpose-orientiert ausrichten können. Für etablierte Marken ist der Weg das Ziel. Denn dies wird von der großen Mehrheit an Stakeholdern, insbesondere von Kunden, honoriert, da den meisten klar ist, dass effektive Veränderungen in den seltensten Fällen von heute auf morgen zu realisieren sind.

Auch die deutsche Outdoor-Marke Vaude hat ihre erfolgreiche Nachhaltigkeitsstrategie erst 2009 intensiviert – 35 Jahre nach Unternehmensgründung. Das Ziel der Strategie lautete, Europas nachhaltigster Outdoor-Ausrüster zu werden. Im Gespräch berichtete Geschäftsführerin Dr. Antje von Dewitz von den verschiedenen Nutzendimensionen, welche die Anwendung der Strategie mit sich bringt. Die Marke hat sich sehr hohe Standards zur ressourcenschonenden Herstellung seiner Textilien gesetzt, um die Externalitäten – die in der Textilindustrie sehr hoch sind – so weit wie möglich zu reduzieren. Neben der Förderung des Gemeinwohls stimmen auch die betriebswirtschaftlichen Kennzahlen. Seit einigen Jahren wächst Vaude über dem Marktdurchschnitt, gewinnt kontinuierlich Neukunden und erfreut sich einer sehr hohen Zahl treuer Kunden. Daneben ist das Unternehmen auch als Arbeitgeber attraktiv, weist eine geringe Personalfluktuation auf und hat – trotz eines dezentralen Firmenstandortes – keine Probleme, Fachkräfte für sich zu gewinnen.

Das Beispiel Vaude zeigt deutlich, dass sich für Unternehmen, die ihren Erfolg mit einem sozialen und gesellschaftlichen Beitrag verbinden, häufig neue Ideen für bahnbrechende Innovationen, die Erschließung neuer Märkte oder neuer Zielgruppen sowie Einsparpotenziale ergeben, die ohne die Erschließung des Konzepts des Corporate Purpose unentdeckt geblieben wären.

Brave Heart: Wer wagt, gewinnt

Es braucht Mut, Entschlossenheit und visionäres Denken, um sich mit Corporate Purpose auseinanderzusetzen. Die Abkürzung über Purpose als Kommunikationsidee wird über kurz oder lang scheitern und nicht den gewünschten Erfolg bringen. Wer aber sein Unternehmen als integralen Bestandteil einer funktionierenden Gesellschaft versteht, hat alle Chancen, über das Konstrukt loyale Kundenbeziehungen aufzubauen und so die langfristige Wettbewerbsfähigkeit des Unternehmens zu sichern. Am Ende des Tages stellt sich nicht so sehr die Frage, ob es sich lohnt, in Purpose zu investieren, sondern wer es sich überhaupt noch leisten kann, ohne Purpose am Markt zu agieren.

---

[1] „Purpose. Die große Unbekannte", Kienbaum, 2020 (bit.ly/3VayGi3)

[2] Annette Bruce, Christoph Jeromin: „Corporate Purpose – das Erfolgskonzept der Zukunft", Springer Fachmedien, Wiesbaden 2020

„Denn am Ende des Tages stellt sich nicht so sehr die Frage, ob es sich lohnt, in Purpose zu investieren, sondern wer es sich überhaupt noch leisten kann, ohne Purpose am Markt zu agieren."

DR. ANNETTE BRUCE

ist Inhaberin und Geschäftsführerin der 2001 gegründeten Unternehmens- und Strategieberatung Creative Advantage in Hamburg. Die promovierte Betriebswirtin und Wirtschaftspsychologin verfügt über langjährige, internationale Erfahrung in Vertrieb und Marketing und ist Expertin in der Unternehmens- und Strategieberatung. Vor der Gründung des eigenen Unternehmens war sie für Unilever und McKinsey & Company tätig. 2014 wurde sie als Vorbild-Unternehmerin der Initiative „Frauen unternehmen" des Bundesministeriums für Wirtschaft und Energie ausgezeichnet. Das Thema Corporate Purpose liegt ihr seit Jahren am Herzen – in ihrem Podcast „Talking Purpose" diskutiert die Expertin mit Menschen, die den Mut haben, Wirtschaft neu zu denken. Im Jahr 2020 hat sie gemeinsam mit ihrem Co-Autor Christoph Jeromin das Fachbuch „Corporate Purpose – das Erfolgskonzept der Zukunft" veröffentlicht. Sie ist eine gefragte Speakerin auf Kongressen und Firmenveranstaltungen und überzeugt, dass auch in der digitalen Welt nur der Mensch den Unterschied machen kann.

Purpose macht Sinn

Die Erkenntnis, dass es in Unternehmen nicht ausschließlich darum gehen kann, betriebswirtschaftliche Kennzahlen zu verbessern oder Aktionären gerecht zu werden, ist relativ neu. Dennoch ist Purpose mehr als ein Trend. Wofür ein Unternehmen steht – seine Sinnhaftigkeit und sein Daseinszweck – gewinnt für Kunden und Belegschaft zunehmend an Bedeutung. Längst zählt ein klar erkennbarer Purpose zu den wichtigsten Differenzierern gegenüber dem Wettbewerb.

Veränderungen seit Einführung des Purpose

Motivation – Veränderungen seit Einführung des Purpose

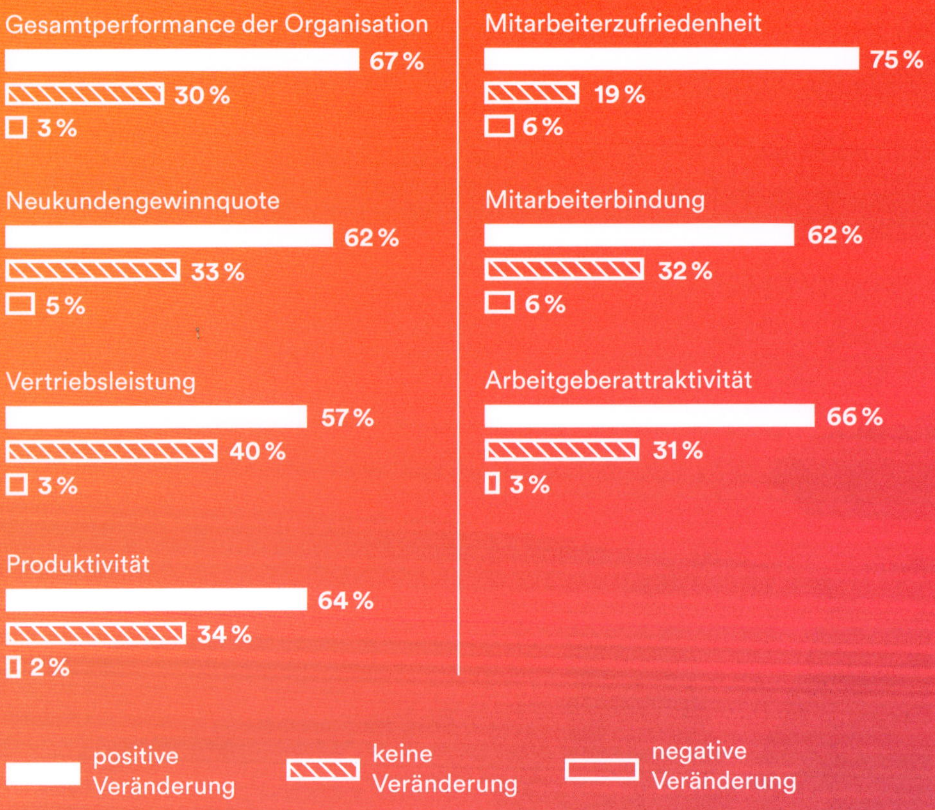

(n = 139–152 Führungskräfte)

Quelle: „Purpose. Die große Unbekannte“, Kienbaum, 2020 (bit.ly/3VayGi3)

Fast die Hälfte der Purpose-Statements fokussiert sich auf die Verbesserung des Lebens von Menschen[1]

Verwendete Purpose-Typologien in DAX 30 und MDAX

(n = 35)

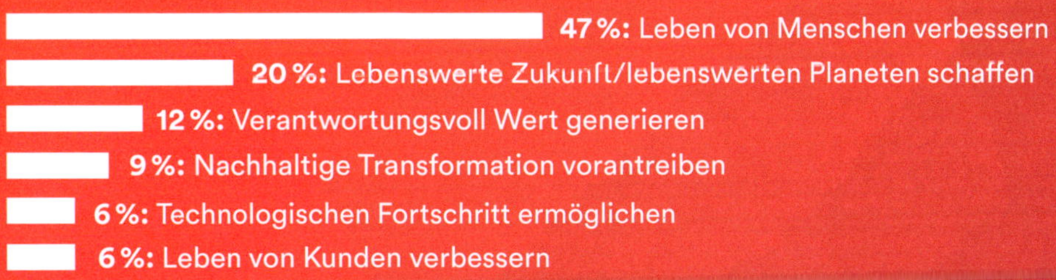

Nachholbedarf für den Mittelstand[1]

Von den DAX-30-Unternehmen kommunizierten in 2020 63 % einen Purpose (2019 waren es 20 %), von den MDAX-Unternehmen nur 27 %. Im Vergleich zum Vorjahr hat sich der Anteil an Unternehmen mit einem Purpose in 2020 fast verdoppelt.

(n = 90)

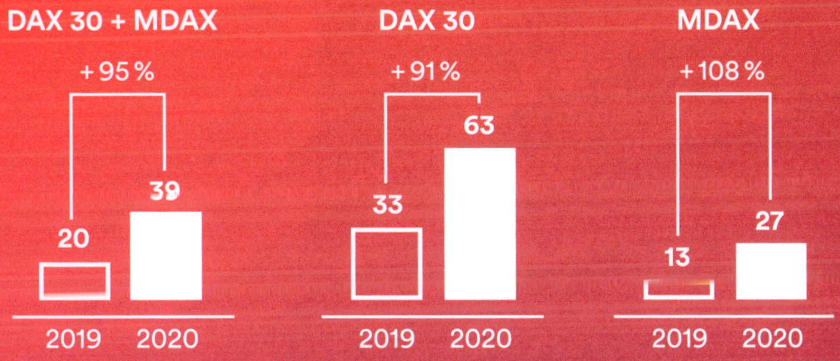

[1] Quelle: „Eine Analyse von Purpose, Mission, Vision, Leitsätzen und Werten der deutschen Wirtschaft", Leitbildstudie, Horváth & Partners, 2020 (bit.ly/3Vf27zr)

44%

der Verbraucher*innen sehen sich mit ihrem Konsum in der Verantwortung für den Planeten

33%

kennen den Purpose ihrer Lieblingsmarke

51%

lassen sich durch den Purpose in ihrer Kaufentscheidung beeinflussen. Je jünger, desto stärker beeinflusst ein starker Purpose die Kaufentscheidung (60 % der 18–35-Jährigen)

(n = 2.118 Verbraucher*innen zwischen 18 und 55 Jahren)

Quelle: „Deep Purpose – warum Marken heute mehr als leere Sinnversprechen brauchen", Xpay, Mai 2022 (bit.ly/3FFyvWv)

CX im Kopf

Kundenerlebnis als Basis für langfristigen Erfolg

Unternehmen konkurrieren heute nicht mehr nur um das beste Produkt und die beste Dienstleistung, sondern um herausragende Kundenerlebnisse – und dies sowohl on- als auch offline. Das ist anspruchsvoll und erfordert ein neues, serviceorientiertes Mindset in der gesamten Organisation. Warum dies unbedingt notwendig ist, um in der Verkaufswelt von morgen zu bestehen, erläutert McKinsey-Berater Fabian Billing.

Lange Wartezeiten, unpersönliche Ansprache, mangelnde Produktauswahl und komplizierte Bezahlprozesse: Kundenliebe sieht anders aus. Die Menschen sind nicht mehr bereit, enttäuschende Kauferfahrungen hinzunehmen. Je nach Industrie würde rund die Hälfte aller Kunden das Produkt oder gleich den Anbieter wechseln, sobald sie Einschränkungen im Angebot oder schlechten Service erfahren.[1]

50 Prozent „Abwanderer" – das klingt erschreckend. Doch gerade die Erfahrung mit der Covid-19-Pandemie hat gezeigt: Ein auf den ersten Blick nebensächlicher Kontakt wie ein Telefonat mit dem Callcenter oder die Suche nach Informationen auf der Website zählt mittlerweile genauso viel wie das innovative Produkt oder die kreative Kampagne. Mit ihrem Marken- und Serviceangebot geben Unternehmen ein Versprechen, das an allen Kontaktpunkten und bei jedem einzelnen Kunden immer wieder neu eingelöst werden muss. Deshalb konkurrieren Anbieter in allen Branchen heute nicht mehr nur um das beste Produkt oder die beste Dienstleistung, sondern auch um die bestmögliche Kundeninteraktion – und zwar an allen Kontaktpunkten.

Herausragende Kundenerlebnisse werden so zum entscheidenden Wettbewerbsvorteil. Denn stärker noch als Preis und Produktqualität beeinflusst die Customer Experience (CX) die Zufriedenheit der Verbraucher und damit zugleich ihre zukünftigen Kaufentscheidungen.[2] Und die Latte liegt hoch, seit Internetunternehmen wie Amazon oder Uber mit personalisierten Angeboten, intuitiven Services und einem konsistenten Kundenerlebnis neue Standards gesetzt haben.

Für drei von vier Topmanagern steht deshalb die Generierung einer herausragenden Customer Experience inzwischen ganz oben auf der Agenda – nicht nur, um die Kundenzufriedenheit zu steigern, sondern weil es sich auch ökonomisch auszahlt: Maßnahmen zur Verbesserung der CX bringen nach unseren Analysen je nach Branche ein Umsatzwachstum von 5 bis 10 Prozent und Kostensenkungen von 15 bis 25 Prozent. Die Bruttomargen der Mitbewerber werden um mehr als ein Viertel übertroffen. Und gerade in Krisenzeiten zeigt sich, dass Unternehmen, die starke Kundenerlebnisse bieten, geringere Verluste verzeichnen und sich deutlich schneller erholen als die Wettbewerber.[3]

Die großen Trends: Personalisierte Kundenreisen durch alle Kanäle

Die Herausforderungen, die eine Schaffung starker Kundenerlebnisse mit sich bringt, sind nicht zu unterschätzen: Sales-Organisationen aller Branchen müssen heute die gestiegenen

Erwartungen der Nutzer an Einfachheit, Schnelligkeit und Personalisierung erfüllen, wie sie von digitalen Disruptoren wie etwa Netflix geweckt werden. Und das in allen Kanälen: im Laden, auf der Website, unterwegs via App.[4]

9/10

der Konsumenten treffen ihre Kaufentscheidungen im digitalen Kanal.

Für den Vertrieb geht es dabei um mehr als nur die Stärkung des E-Commerce: Ziel ist eine echte Omnichannel-Vermarktung mit medienbruchfreien Kundenerlebnissen. Branchenstudien zeigen, dass Kunden, die sowohl on- als auch offline einkaufen, je nach Marktsegment zwei bis fünf Mal so viel wert sind.[5] Der Online-Auftritt wird dabei zum wichtigsten Zugangstor der Kunden zum Händler. Neun von zehn Konsumenten treffen ihre Kaufentscheidungen im digitalen Kanal. Denn hier startet für die meisten Verbraucher die Customer Journey – die Kundenreise durch den Kaufprozess.

Warum ist die optimale Gestaltung dieser Reise so zentral für den langfristigen Erfolg? Kunden erleben Produkte und Service-Interaktionen in der Regel nicht als Momentaufnahme, sondern als Gesamtprozess mit unterschiedlichen Einflussfaktoren an verschiedenen Kontaktpunkten. So beginnt etwa die Reise „Ich werde Kunde", wenn jemand das erste Mal durch Bekannte oder auch im Internet von einer Marke oder Dienstleistung erfährt, und sie endet, sobald er oder sie ein Produkt erworben oder einen Vertrag abgeschlossen hat. Kunden haben konkrete Erwartungen an eine solche Reise, die das Unternehmen erfüllen muss, damit sie der Marke treu bleiben und sie im Idealfall weiterempfehlen.

Eine einzige Störung, eine verspätete Reaktion etwa oder eine falsche Tonalität, kann das gesamte Kundenerlebnis schmälern oder gar zerstören – eine Erfahrung, die viele Sales-Organisationen schon machen mussten. Umso mehr kommt es darauf an, die Customer Journey an allen Kontaktpunkten auf den Prüfstand zu stellen und ihr, wo nötig, ein neues Design zu verpassen, das diese fünf Anforderungen erfüllt:

1. Fokus auf die prägenden Momente im Kundenlebenszyklus („moments that matter") und den damit einhergehenden Bedarf
2. Identifizierung und rasche Beseitigung möglicher Schmerzpunkte („pain points"), zum Beispiel Navigationsprobleme auf der Website oder Brüche in der On-/Offline-Interaktion?
3. Kundengerechte, einheitliche Ansprache in allen Kanälen
4. Einlösung des eigenen Wertversprechens an jedem Kontaktpunkt – sprachlich und visuell
5. Erfüllung der Kundenbedürfnisse unabhängig davon, über welchen Kanal der Kontakt erfolgt und welches Team intern dafür zuständig ist[6]

Für das erlebnisorientierte Re-Design von Kundenreisen gilt allerdings auch: Customer Journey ist nicht gleich Customer Journey. Je nach Wertversprechen und Verbrauchererwartung können schnelle, automatisierte Prozesse das beste Kundenerlebnis liefern – oder auch maßgeschneiderte Angebote mit persönlicher Beratung. CX-Champions sind deshalb dazu übergegangen, Kunden direkt in die Optimierung einzubinden, etwa durch Tests von Prototypen für eine verbesserte Kundenreise oder einer neuen Funktion.

Was es braucht: neues Denken und eine agile Unternehmenskultur

Mit der konsequenten Ausrichtung der Sales- & Service-Organisation auf den Kunden ist es wie mit jeder großen Veränderung: Eine Blaupause reicht dafür nicht aus. Um Kunden immer wieder zu überraschen und auf wechselnde Bedürfnisse flexibel reagieren zu können, braucht es strukturellen Wandel auf allen Ebenen. Zu den wichtigsten Grundlagen erfolgreicher CX-Transformationen zählen – neben einer leistungsfähigen IT- und Dateninfrastruktur – individueller Kompetenzaufbau und eine agile, crossfunktionale Teamorganisation. Vorreiter wie ING und Sephora haben schon vor längerer Zeit erfolgreich in diese Grundlagen investiert.

Und wie so oft beginnt der Wandel auch hier in den Köpfen: Silodenken gilt es zu überwinden und den Kunden mit seinen Erwartungen und Wünschen in den Mittelpunkt aller Aktivitäten zu stellen. Das geschieht nicht über Nacht und nicht von selbst. Um ein „CX-Mindset" in der Organisation zu etablieren, braucht es besondere Fähigkeiten, etwa im Bereich Customer Experience Design. Hier ist das Topmanagement gefragt, entsprechende Workshops aufzusetzen, in denen Mitarbeitende mit den Grundlagen des Design Thinking vertraut gemacht und gemeinsam kundenzentrierte Denk- und Verhaltensweisen entwickelt werden.

Ein weiterer wichtiger Schritt hin zu einer kundenzentrierten Sales- & Service-Funktion ist der Aufbau einer sogenannten CX-Factory. Sie fungiert als Keimzelle der Veränderung. Hier werden alle relevanten Kundenreisen definiert, deren Re-Design realisiert und Pilotprojekte durchgeführt. Die Einbeziehung aller relevanten Abteilungen in das Team stellt zugleich sicher, dass verschiedene Sichtweisen und Erfahrungen einfließen. Entscheidungen lassen sich so schneller treffen, und die Wahrscheinlichkeit, dass alle Akteure sie mittragen, ist höher als in klassisch-hierarchischen Organisationen. Das Umdenken lohnt sich. Unternehmen, die agile Arbeitsweisen nutzen und funktionsübergreifende Teams einsetzen, erwirtschaften Renditen, die den Marktdurchschnitt um bis zu 35 Prozentpunkte übertreffen.[7]

Die Verkaufswelt von morgen: Metaverse

Die CX-Transformation von heute ist zugleich eine Investition in die Zukunft, denn der nächste Megatrend zeichnet sich bereits ab: Metaverse. Er signalisiert die nächste Evolutionsstufe des Internets – virtuelle Technologien, die digitales und physisches Leben im Alltag nahtlos miteinander verbinden. Menschen werden zum aktiven Teil der digitalen Welt, in der sie sich bewegen, interagieren, Geschäfte machen. Was bislang hauptsächlich der Gaming-Industrie vorbehalten ist, wird schon in wenigen Jahren alle Lebens- und Geschäftsbereiche erobern. Die Einsatzgebiete reichen von Fitness-Features über Social Connectivity bis hin zu Shopping-Plattformen und interaktiven Marktplätzen.

Im Bereich Sales & Service ist das Anwendungsspektrum nahezu grenzenlos: Kundenmeetings im Meta-Raum, gemeinsam am virtuellen Tisch. Produktdemos in virtueller und erweiterter Realität. Fashion Shows mit Hologrammen. Einkaufserlebnisse als Avatar im virtuellen Shop. Und wie die meisten Gamechanger werden die Menschen auch diese Innovationen lieben und nutzen – nicht nur die jungen: Tatsächlich ist nach unseren Analysen die Zahl der Millennials, die sich für Metaverse begeistern, um 40 Prozent höher als die der Generation Z.[8] Und einmal vertraut mit der Technologie, wird die Mehrzahl der Konsumenten zu aktiven Nutzern von Metaverse im Alltag. Auch deshalb rechnen 95 Prozent der Business-Entscheider mit positiven Effekten auf ihre Branche innerhalb der nächsten fünf bis zehn Jahre. Die aktuelle McKinsey-Prognose stützt ihre Einschätzung: Das ökonomische Potenzial von Metaverse liegt bei 5 Billionen US-Dollar bis 2030.

80 Prozent des B2C-Handels werden bis zum Ende dieses Jahrzehnts in der einen oder anderen Form durch Aktivitäten im Metaverse beeinflusst sein. Wir als Unternehmen müssen jetzt entscheiden, welche Rolle wir in diesem Trend spielen wollen, und ihn uns dann in unserem Geschäft zu eigen machen – durch fortgesetztes Testen, Lernen, Adaptieren und Skalieren. Auch damit investieren wir in die Verkaufswelt von morgen, denn so viel ist sicher: Metaverse wird nicht der letzte Megatrend sein, um Kunden eine überragende Customer Experience zu bieten – und so dauerhaft zu binden.

DR. FABIAN BILLING

Fabian Billing ist seit März 2021 Managing Partner von McKinsey & Company Deutschland und Österreich. Seine Beraterkarriere startete er 1999 im Düsseldorfer Büro, wo er 2008 zum Partner und 2014 zum Senior Partner gewählt wurde. Im selben Jahr übernahm er dort die Büroleitung. Vor seinem Einstieg bei McKinsey studierte er BWL an der Universität des Saarlandes und an der University of Michigan (USA). 2002 promovierte er an der TU Berlin zum Thema Innovationsmanagement. Heute berät Fabian Billing Klienten vor allem aus der Telekommunikations- und Technologiebranche sowie Advanced Industries. Zu den Schwerpunkten seiner Arbeit zählen Operating Models und Change-Programme. Fabian Billing ist passionierter Musiker, spielt Klavier, Keyboard sowie Bass und liebt den Sport – am liebsten in den Bergen. Sein wichtigstes Hobby aber ist es, Zeit mit seinen drei Söhnen zu verbringen.

---

1 „Winning in loyalty“, McKinsey & Company, Lidiya Chapple et al., 2022

2 Das ergab eine bereits 2019 durchgeführte Umfrage von McKinsey und Facebook unter etwa 3.000 Konsumenten in Deutschland und England. Gegenstand der Studie war das Kundenverhalten in verschiedenen Branchen, darunter Telekommunikationsdienstleistungen, Banken und Baumärkte.

3 Umfrage unter 260 CX-Managern in 14 Branchen; Rachel Diebner et al.: „Adapting customer experience in the time of coronavirus“, McKinsey & Company, McKinsey Customer Experience Executive Leadership Survey, 2020

4 „Let's meet offline – Personalisierung in der realen Welt“, in: Akzente 3/2019, hrsg. v. McKinsey & Company, pp. 16-21, Mathias Kullmann, Jan Middelhoff, Patrick Simon, Kai Vollhardt, 2019

5 „OmniNEXT – Omnichannel neu denken“, in: Akzente 2/2021, hrsg. v. McKinsey & Company, pp. 34-41, Philipp Kluge, Markus Schmid, Elizabeth Silliman, 2021

6 „Versprochen ist versprochen: Die Marke als Erfahrungswelt“, in: „Mega-Macht Marke. Bleibende Werte in wechselvollen Zeiten“, Redline Verlag, pp. 269-291, Tjark Freundt, Sascha Lehmann, Nils Liedtke, Jesko Perrey, 2021

7 Ebd.

8 „Value creation in the metaverse. The real business of the virtual world“, McKinsey & Company, Tarek Elmasry et al., 2022

Seid wach, haltet wach!

Den wenigsten Kunden muss man heute noch Produkte erklären. Verkäuferinnen und Verkäufer sollten sich vielmehr darauf konzentrieren, die individuellen Bedürfnisse zu erahnen, die Kunden also genau dort abzuholen, wo sie mit ihren Informationen schon stehen. Das geht nur mit emotionaler Intelligenz, erklärt Vertriebsexpertin Vaya Wieser-Weber.

Als ich früher auf Fachmessen ging, war ich manches Mal schon ein bisschen frech. Ich habe mir die Verkaufsgespräche angehört, mir alles erklären lassen, mich am Ende bedankt. Und dann gefragt: „Was wissen Sie jetzt eigentlich von mir und davon, was ich gerne möchte?“ Die Antwort war immer: „Oh, Entschuldigung, daran habe ich jetzt gar nicht gedacht.“ Wenn ich dann erklärt habe, dass ich Vertriebstrainerin bin, Feedback geben und dabei helfen kann, in einer solchen Situation besser zu reagieren, haben die meisten gesagt: „Ja bitte, gerne.“ Während der Verkäufer also komplett am Ziel vorbeigeschossen ist, habe ich meinen potenziellen Kunden genau dort abgeholt, wo er meine spezielle Dienstleistung wirklich braucht. Und das konnte ich genau deshalb, weil ich mich bemüht habe, ihn persönlich und individuell wahrzunehmen.

Eine gute Kundenreise startet mit einem Problem

Heute müssen Vertriebler nicht mehr um Kunden pitchen, Telefonbücher abtelefonieren oder ihren Fuß in die Haustür stellen, um ihre Kunden von einem Produkt zu überzeugen. Treffen diese und der Vertrieb am Ende einer erfolgreichen Customer Journey aufeinander, haben die meisten Kunden bereits ausgiebig alle nötigen Informationen selbst im Internet recherchiert. Sie sind, was die Hard Facts, Pros und Cons, Preisunterschiede und Kundenrezensionen angeht, häufig schon bessere Produktexperten als die Verkäufer selbst. Die große Kunst besteht jetzt darin, den Kunden genau da abzuholen, wo er mit seinen Informationen schon steht. Ich muss also nicht erst bei Adam und Eva anfangen und ihm noch einmal die Firma erklären, sondern Begeisterung wecken und vor allem auf Augenhöhe beraten. Vertriebler sind in einer fantastischen Situation. Denn das generelle Kaufinteresse besteht ja bereits! Jetzt muss ich auf kürzestem Weg die individuellen Bedürfnisse meines Kunden herausfinden und: Genau! Darauf! Eingehen!

Und dazu ist für den Vertrieb am Ende einer erfolgreichen Kundenreise eines ganz entscheidend: die emotionale Intelligenz. Es bedeutet, wirklich mitzukriegen, was bei meinem Gegenüber passiert, beziehungsweise schon vorab passiert ist, und kein 08/15-Programm abzuspulen und den Kunden damit zu nerven oder zu langweilen. Ich habe die Vertriebler in meinem Messe-Beispiel am Anfang geduldig ertragen, um ihnen am Ende den Spiegel vorzuhalten. So viel Nerven werden ihre Kunden ihnen hingegen sicherlich nicht entgegenbringen – sondern unzufrieden und ohne Abschluss wieder verschwinden.

Die drei Ebenen der emotionalen Intelligenz

Emotionale Intelligenz passiert auf drei Ebenen. Dabei geht es darum, sich des Prinzips von Ursache und Wirkung auf jeder dieser Ebenen bewusst zu sein.

1. Ebene – sei online
Online zu sein bedeutet, dass ich genau weiß, wie ich selbst von anderen wahrgenommen werde. Ich bin mir absolut klar darüber, was ich selbst für ein Bild abgebe. Das ist die Arbeit an mir selbst, mit der ich unbedingt beginnen sollte. Nur dann, wenn ich mir meiner eigenen Wirkung auf andere bewusst bin, kann ich auch wirklich gut auf mein Gegenüber eingehen.

Ich persönlich zum Beispiel polarisiere allein schon über mein Gesicht. Viele Menschen empfinden mich als attraktiv – andere als dominant und beängstigend. Ich bin mir also meiner Wirkung als starke Frau bewusst und kann sie, je nach Anlass, dementsprechend einsetzen.

2. Ebene – nimm deinen Gesprächspartner wahr
Mache es dir zur Routine, dein Gegenüber ganz bewusst wahrzunehmen – optisch, aber auch in der nonverbalen Kommunikation. Ich sammle bei meinen Vertriebsgesprächen schon ganz viele Informationen, bevor es überhaupt zum ersten Hallo kommt. Welche Kleidung, welche Schuhe trägt mein Gegenüber? Wie wirkt diese Person auf mich? Welche Position könnte diese Person in ihrem Unternehmen haben?

Übung: „Was wäre, wenn?“
Mit Teilnehmern in meinen Seminaren mache ich dazu gerne eine Übung, in der sie sich selbst einschätzen, aber vor allem Feedback von den anderen Teilnehmern bekommen. Aus den oftmals überraschenden Antworten lernen sie schnell, wie sie selbst auf andere wirken und was aufgrund von Kleidung, Frisur oder Persönlichkeit mit ihnen assoziiert wird.

Sei wach – halte wach
Neben den äußerlichen Informationen senden wir beim Sprechen unheimlich viele nonverbale Signale aus, die viel über die Stimmung und die Aufmerksamkeit unseres Gesprächspartners verraten. Vieles davon verarbeiten wir bereits automatisch. Beim Training der emotionalen Intelligenz im Vertrieb versuche ich jedoch, diese Signale ganz gezielt zu registrieren und entsprechend darauf zu reagieren, um das Verkaufsgespräch für beide Seiten möglichst erfolgreich zu steuern. Dazu frage ich mich: Wie gut kann ich die Stimmung meines Gesprächspartners einschätzen? Sehe ich Interesse bei meinem Gegenüber oder ist er gelangweilt? Ein toller Trick, damit ich im Gespräch durchgängig aufmerksam bleiben kann, ist die folgende Übung:

Übung: „Der rote Ball“
Dazu stelle ich mir die Aufmerksamkeit meines Gegenübers als roten Ball vor, der genau auf Augenhöhe bei meinem Gesprächspartner schwebt. Dieser Ball sinkt, sobald ich meinen Gesprächspartner langweile oder ihn nicht so anspreche, wie er es braucht. Wenn mein Gegenüber interessiert zuhört und begeistert ist, geht der Ball wieder nach oben zu den Augen. Genau dort sollte ich den Ball möglichst über das ganze Gespräch hinweg halten.

3. Ebene – Produktliebe
Für ein souveränes Auftreten muss ich mich in meiner Produktpalette auskennen wie in meiner Hosentasche. Doch nicht nur das. Es macht beim Kunden einen Riesenunterschied, ob ich mein Produkt tatsächlich liebe – oder es zumindest richtig gut finde – oder eben nur so tue.

Wenn ich selbst nicht überzeugt bin, dass mein Produkt super ist und einen echten Mehrwert bietet, dann kann ich auch meine Kunden nicht auf Dauer davon überzeugen. Einwandbehandlung funktioniert nämlich nur, wenn ich für mich selbst diese Einwände schon so durchdacht habe, dass ich sie für mich selbst überzeugend ausräumen kann. Erst dann schaffe ich auch, es auf so authentische Weise gegenüber dem Kunden zu erklären, dass er mir im Grunde nur noch zustimmen kann. Wenn ich aber nicht hundertprozentig hinter dem Angebot stehe, ist das natürlich sehr schwierig und eine richtige Zwickmühle, die sich auch in meinem Umsatz widerspiegelt.

Das Leben ist zu kurz, um das falsche Produkt zu verkaufen
Am Ende geht es nicht nur um meinen Umsatz, sondern auch darum, ein erfülltes Leben zu haben. Meiner Meinung nach ist das Leben zu kurz, um Produkte zu verkaufen, die einem keine Freude machen. Wenn es nicht mehr passt, nicht jammern, sondern ändern! Ich suche mir das, was wirklich zu mir passt. Das ist für mich die Grundlage für emotionalen Vertrieb mit Herz und Verstand. Ich bin überzeugt davon: Wenn ich mein Angebot liebe und gerne mit Menschen zu tun habe, dann kann ich sie auch begeistern und ganz neue Wege mit ihnen zusammen gehen.

VAYA WIESER-WEBER

Ihre ersten Verkaufserfahrungen machte die Österreicherin Vaya Wieser-Weber bereits in ihrer Schule mit dem Verkauf von LPs und Independent Labels und als Managerin einer Sprayer-Crew. Mit 18 verdiente sie sich ihr Studium im Strukturvertrieb und auch in der Finanzdienstleistung fasste sie länger Fuß. Dabei waren Incentives wie ein Dinner im Hause Carsten Maschmeyers oder Dubai-Urlaube im Burj al Arab nichts Ungewöhnliches. Seit 2000 arbeitet Wieser-Weber als Speakerin, Trainerin und Coachin und war unter anderem Mitglied des internationalen Trainingskaders für Marriott International. 2016 stieß sie als Geschäftspartnerin zur Hamburger Agentur Impulspiloten, die sie seit Januar 2022 als eine von zwei geschäftsführenden Gesellschaftern leitet.

Vom Verkäufer zum Ermög

licher

Die Outdoor-Marke Globetrotter will das Einkaufserlebnis für ihre Kunden neu definieren. Dafür geht das Unternehmen weit über den bloßen Abverkauf von Ware hinaus und setzt auf die Themen Community und Innovation. Ein Besuch im Flagship-Store Berlin-Steglitz.

Die Zukunft des Handels zeigt sich erst auf den zweiten Blick. Aber das ist vielleicht auch kein Wunder, wenn man als Konsumentin oder Konsument noch alte Erwartungsmuster mitbringt. Wer zum ersten Mal durch den Eingang der Berliner Globetrotter-Filiale in Berlin-Steglitz spaziert, merkt zunächst jedenfalls recht wenig von dem, was sich die Marke vorgenommen hat. Man wolle den Erlebniseinkauf neu definieren, hieß es vollmundig zur Eröffnung des Berliner City-Stores im Jahr 2020 – mit noch mehr Service, Community und Nachhaltigkeit. Doch zunächst: die üblichen Regale und Verkaufsinseln, Mäntel, Rucksäcke. Angenehmes Licht, schickes Interior Design, viel Platz, das schon. Aber letztlich doch alles erwartbar. Sogar die Kältekammern und Wasserbecken, für welche viele Globetrotter-Filialen immer noch bekannt sind und die am ehesten das Label „Erlebnis" verdienen, sucht man im neuen Store vergeblich. Aber klar, am Ende geht es doch ohnehin nur um den Verkauf von Ware, oder? Und nachhaltig sind solche technischen Gimmicks auch nicht gerade.

„Das stimmt", sagt Globetrotter-CEO Andreas Vogler. Und widerspricht gleichzeitig deutlich. „Im Handel wird es in Zukunft eben nicht mehr ausreichen, einfach nur Ware von A nach B zu schieben. Das ist viel zu wenig, um Kunden noch zufriedenzustellen. Wer als Marke in Zukunft eine Daseinsberechtigung haben will, muss als Ermöglicher auftreten. Mit der Daunenjacke in die Kühlkammern oder dem Paddelboot ins Wasserbecken – das sind alles schöne Gimmicks mit Überraschungseffekt. Aber heute einfach nicht mehr zeitgemäß. Inzwischen geht es um weit mehr. Marken müssen die Werte transportieren, für die sie stehen. Und dabei echte soziale Funktionen übernehmen."

Werkstätten und Secondhand-Bereiche

Was damit gemeint sein könnte, wird schon etwas klarer im zweiten Stock des Berliner Stores. Dort ist man mit Filialleiter Alexander Bast verabredet. Um den großen Holztresen eines mit „Service" und „Werkstatt" überschriebenen Bereichs haben sich mehrere Kunden versammelt. Die einen, um per Click & Collect bestellte Ware entgegenzunehmen, die von Mitarbeitenden sorgfältig ausgepackt und übergeben wird. Die anderen, um mit einem Spezialgerät überprüfen zu lassen, wie wasserdicht eine alte Funktionsjacke noch ist, die man als Secondhand-Ware in Zahlung geben will. Wieder andere haben ihre defekten Wanderschuhe mitgebracht, um sie von Fachpersonal inspizieren und gegebenenfalls re-

„Im Handel wird es in Zukunft eben nicht mehr ausreichen, einfach nur Ware von A nach B zu schieben. Das ist viel zu wenig, um Kunden noch zufriedenzustellen. Wer als Marke in Zukunft eine Daseinsberechtigung haben will, muss als Ermöglicher auftreten.“

parieren zu lassen. „Allein für die Werkstatt habe ich sechs Vollzeitkräfte angestellt“, erzählt Bast. „Aus klassisch betriebswirtschaftlicher Sicht lohnt sich das überhaupt nicht, da zahlen wir drauf.“ Mittel- und langfristig allerdings, so zumindest der Plan, solle dies zu einer höheren Kundenbindung beitragen.

CEO Andreas Vogler führt den Gedanken noch weiter aus: „Für den Handel mag das widersprüchlich wirken, da man Geschäftsmodelle auf den Umsatz mit Neuwaren aufbaut. Das wird sich aber ändern müssen, wenn man den umweltschonenden und bewussteren Konsum als Zielsetzung hat.“ Überdies wolle man Beteiligungsmöglichkeiten für die Kunden schaffen. Und zwar genau im Rahmen jener Werte, die auch Globetrotter als Marke vertritt. „Das Thema Nachhaltigkeit ist für uns eine Kernaufgabe. Und Kreislaufwirtschaft beziehungsweise der bewusstere Konsum im Zusammenspiel mit Langlebigkeit ist für unsere Kunden nun einmal der einfachste Weg, sich zu beteiligen.“

Kompetente Beratung

Die erste Reparaturwerkstatt startete Globetrotter 2018 in Dresden, aktuell sind rund die Hälfte aller Filialen damit ausgestattet. Mehr als 10.000 Outdoor-Produkte werden dort nach eigenen Angaben jährlich repariert. Auch das Waschen und Imprägnieren ist im Angebot. Besonders stolz ist der Berliner Filialleiter Bast auf ein Laser-Gerät, das individuelle Gravuren vornehmen kann. Demnächst soll das 14.000 Euro teure Gerät aus dem zweiten Stock ins Erdgeschoss wandern, zur besseren Sichtbarkeit. Eine Secondhand-Verkaufsfläche gibt es im Filialnetz seit Sommer 2020, damals zunächst in Frankfurt am Main, seit Ende 2021 in allen Stores deutschlandweit. Die angebotenen Artikel werden in hauseigenen Werkstätten geprüft und aufbereitet und mit einer 12-monatigen Gewährleistung verkauft. Wer mit dem Kauf hochwertiger, aber auch teurer Outdoor-Ausrüstung hadert, hat auch die Möglichkeit, diese zu leihen. 1.500 Artikel bietet Globetrotter aktuell zur temporären Nutzung an.

Man spürt, Globetrotter will den Servicegedanken wesentlich weiter fassen als lediglich begrenzt auf die klassische Verkaufssituation: der Kunde vor einem Produkt im Gespräch mit dem Verkäufer. Wobei, wie sowohl Filialleiter Bast als auch CEO Andreas Vogler betonen: Die kompetente Beratung ist schon seit Jahren selbstverständlich für das Unternehmen. „Wir sehen uns gerade bei der Beratung als Premiumanbieter“, so Vogler. Und Bast weist beim Filialbesuch auf die hohe Akademikerquote bei seiner Mitarbeiterschaft hin und ihre entsprechend ausgeprägten kommunikativen Fähigkeiten. „Aber natürlich haben wir auch alte Hasen im Team, die durch ihre schiere Erfahrung glänzen. Die können Ihnen eine Stunde lang wirklich alles erzählen, was sie über eine Regenjacke wissen müssen. Das sind alles Idealisten, die ihr Hobby zum Beruf gemacht haben."

Alles für die Community

Aber ist das jetzt schon das „neue Erlebnis", das Globetrotter verspricht? Die „soziale Funktion", welche die Marke weit über den bloßen Verkauf von Produkten übernehmen will? Dazu müsste schon ein echtes Community-Gefühl entstehen, ein Raum, in dem sich Outdoor-Fans untereinander austauschen, sich gemeinsam über die passende Ausrüstung für das attraktivste Reiseziel unterhalten, das Unternehmen gar nicht mehr so sehr als Verkaufsplattform, sondern als Treffpunkt und Inspirationsquelle für Experten wahrnehmen. Und anscheinend ist es genau das, woran die Marke Globetrotter gerade mit Hochdruck arbeitet. Zum Beispiel in Form der sogenannten Clubhütte, im Berliner Store anzutreffen auf der ersten Etage.

Wobei Hütte hier vielleicht die falschen Assoziationen weckt. Eher handelt es sich um einen loungigen Bereich mit einer beeindruckenden Auswahl an Büchern, nicht nur aus dem Outdoor-Kontext, sondern relativ breit gestreut. In den bereitstehenden Lesesesseln sitzt an einem Mittwochnachmittag zwar niemand und schmökert vor sich hin. Ganz anders sehe das aber aus, wenn Veranstaltungen stattfinden, erklärt Filialleiter Bast. Dann gebe es Infoabende zu den verschiedensten Themen. Etwa, wie man richtig mit einem GPS-Gerät umgeht oder welche Kleidung für welche Klimazone zu empfehlen ist. Aber auch Prominente wie der Extremsportler und Abenteurer Jonas Deichmann sind zu Besuch, um über ihre Erfahrungen zu berichten. Vor allem dann, wenn die Marke in irgendeiner Form in deren Projekte involviert war. „Hierdurch können wir uns die Zusammenarbeit mit Jonas Deichmann beispielsweise leisten“, erklärt Alexander Bast. „Das ist dann natürlich ein besonderes Highlight.“ Informieren und die Kunden aus dem reinen Verkaufskontext herauszuführen ist auch das Ziel der sogenannten Innovation Labs, eigene Präsentationsflächen, in denen etwa Ausstellungen zum Thema Kreislaufwirtschaft zu sehen sind. Oder, wie beim Besuch im Berliner Store, die Gewinner von #she is outdoors, des ersten Awards für frauenspezifische Outdoor-Ausrüstung.

Herausforderung Omnichannel

Vorausgesetzt, Globetrotter gelingt das Kunststück, das stationäre Ladengeschäft zumindest zum gefühlten Community-Hotspot zu entwickeln, bleibt doch die Frage: Kann die neue Erlebniswelt auch online funktionieren? Ist das reizvolle Konzept der echten sozialen Interaktion und Beteiligung überhaupt umzusetzen in einem Branchenumfeld, das immer mehr auf Omnichannel-Lösungen setzt? Natürlich eine sehr gute und wichtige Frage, findet Andreas Vogler. Er selbst glaube auch an das „One-Face-to-the Customer“-Prinzip. Aus seiner Sicht ist es sogar der notwendige Schritt, um Konsum noch bewusster zu machen. „Denn dies erreichen wir ja gerade dann, wenn wir unseren Kunden jederzeit nur die für sie relevanten Informationen zukommen lassen.“ Für seine Online-Kanäle setzt Globetrotter auf ein eigenes Fotostudio und eine eigene Redaktion zur hochwertigen Aufbereitung von Content. Zur Online-Beratung werden eine Reihe von Tools eingesetzt, darunter auch ein Chatbot für die häufigsten Anfragen – etwa zu Reklamationen oder der Sendungsverfolgung. „Wer sich online dann doch nicht vollkommen beraten fühlt und noch Fragen hat, der kann über ein Buchungssystem ein individuelles Beratungsgespräch in einer Filiale vereinbaren“, so der Globetrotter-CEO.

Eines ist für Vogler allerdings klar: Mit dem Preiskampf im Internet will die Marke nichts zu tun haben. Statt Rabattaktionen wie Black Friday oder Cyber Monday werde in den Globetrotter-Filialen im November der „grünere Monat“ eingeläutet – mit zahlreichen Aktionen, Workshops und Veranstaltungen rund um das Thema Nachhaltigkeit. „Wir stellen uns gegen den beschleunigten und künstlich hervorgerufenen Konsum.“

„Die Verkaufsteams in den Stores haben immer auch ihr eigenes, ganz persönliches CRM im Kopf. Viele Kunden wünschen sich seit Jahren dieselbe Ansprechpartnerin oder denselben Ansprechpartner.“

Die neuen Möglichkeiten der Digitalisierung möchte Globetrotter dafür einsetzen, sämtliche Verkaufskanäle miteinander zu verknüpfen. Nach wie vor ungebrochen sei der Wunsch nach individueller Beratung. „Die Verkaufsteams in den Stores haben immer auch ihr eigenes, ganz persönliches CRM im Kopf. Viele Kunden wünschen sich seit Jahren dieselbe Ansprechpartnerin oder denselben Ansprechpartner.“

„Die Möglichkeiten der Mass Customization sind noch lange nicht ausgereizt“

Bei mymuesli können Fans von Frühstücks-Cerealien aus rund 80 Biozutaten Müsli nach ihrem persönlichen Geschmack mischen lassen. Vorstand und Mitgründer Philipp Kraiss über das Erfolgsrezept seines Unternehmens

Herr Kraiss, das von Ihnen mitgegründete Unternehmen mymuesli hat in den 15 Jahren seines Bestehens eine Erfolgsstory geschrieben: Sie haben rund eine Million Kunden, sind in neun europäischen Ländern vertreten – obwohl Ihre Marktforschung vor dem Start ergeben hatte, dass kaum jemand Interesse hat, Müsli online zu bestellen. Was hat Sie dazu bewogen, es trotzdem zu versuchen?

Wir hatten damals einige Hundert Menschen befragt, ob sie Lebensmittel und Müsli online bestellen würden – heraus kam dabei, dass es keiner machen würde. Das war ziemlich eindeutig. Wir haben es trotzdem versucht, weil wir von dem Ansatz überzeugt waren und es nichts Vergleichbares auf dem Markt gab. Wir sind auch nicht die Typen, die sich durch Marktforschung oder Marktdaten von einer Idee abbringen lassen, wenn sie es sich einmal in den Kopf gesetzt haben. Trotzdem hat uns die Nachfrage dann doch überrascht – wir hatten bereits kurz nach dem Start hohe zweistellige Bestelleingänge pro Tag, nach zwei Wochen waren wir ausverkauft.

Gab es über die Geschäftsidee hinaus weitere Faktoren, die dazu beigetragen haben, Ihre Kundschaft zu überzeugen?

Ich glaube, dafür gibt es mehrere Gründe. Wir wollten das beste Müsli der Welt machen, sowohl was den Geschmack als auch die Qualität betrifft – das war und ist unser oberster Leitsatz. Wir würden nie an der Qualität Abstriche machen, um einen besseren Preis zu erreichen. Als weiteren Faktor sehe ich, dass wir uns von Anfang an vorgenommen haben, transparent und ehrlich zu agieren. Wenn irgendetwas schieflief, haben wir das sofort offen kommuniziert. Wir hatten zum Beispiel am Anfang häufiger Versandschäden, und so haben wir die Kunden gefragt, wie die Lieferungen bei ihnen ankommen und was wir besser machen könnten. Sicher mit ein Grund, dass wir als sympathische Marke wahrgenommen werden und nicht als der unnahbare Konzern, wie unsere Kundenbefragungen bestätigen. Generell ist uns der Servicegedanke extrem wichtig, wir versuchen, den Kunden möglichst schnell zu beliefern und seine Wünsche zu erfüllen, ganz nach dem Motto: underpromise – overdeliver.

Warum sollte ich bei Ihnen Müsli bestellen, wenn ich die Zutaten auch im Supermarkt kaufen und selber mischen kann?

Natürlich kann ein Kunde auch im Supermarkt Graineries, Macadamia-Nüsse oder Cashews kaufen. Aber er bekommt nicht die passende Menge, er müsste zu größeren Bundles greifen und die dann selber zusammenstellen, wobei er das optimale Mischungsverhältnis gar nicht wirklich kennt – wir hingegen schon, da wir das vorher getestet und probiert haben. Wir haben über 80 Zutaten, saisonal teilweise auch noch deutlich mehr, das bekommt man im Supermarkt gar nicht geboten. Wenn man im Bio- oder Supermarkt die Trockenfrüchte und Nüsse von derselben Qualität wie bei uns kaufen würde, käme ein teureres Produkt raus als bei uns, weil wir ja größere Chargen zu günstigen Preisen direkt vom Lieferanten beziehen. Der Kunde würde da nichts sparen, und er hätte noch den Aufwand fürs Beschaffen und Mischen.

Es gibt aber auch die günstigeren Fertigmüslis. Wie schaffen Sie es, Ihre Kunden bei diesen Produkten vom Griff ins Supermarktregal abzuhalten?

Bei uns ist nicht nur alles bio, wir haben auch andere Mischungsverhältnisse. In den Früchtemüslis anderer Hersteller finden Sie Rosinen, Aprikosen und Feigen, unsere Produkte enthalten dagegen beispielsweise richtig viel Himbeeren und Erdbeeren – hochpreisige Zutaten. Die Qualität ist auch bei anderen Produkten nicht schlecht, auch günstige Haferflocken können gut schmecken. Umgekehrt könnten auch wir Müsli zum Discount-Preis herstellen – aber da ist dann halt nichts Leckeres drin.

„Ich erkenne einen deutlichen Trend, dass Medizin, Ernährung und Nahrungsergänzung dichter zusammenrücken. Bei diesen Themenfeldern wird es in den nächsten Jahren und Jahrzehnten Quantensprünge geben."

Mal abgesehen von der Qualität – welche Rolle spielt die Individualisierung, sind Kunden generell bereit, für auf ihre persönlichen Bedürfnisse zugeschnittene Produkte Mehrkosten in Kauf zu nehmen?

Kunden sind bereit, für das „made for you" einen Aufpreis zu bezahlen, wenn sie das für sie perfekte Produkt bekommen. Produkte aus dem Regal enthalten doch immer etwas, das nicht so schmeckt, oder etwas, das stört oder nicht zum eigenen Ernährungsstil passt. Passt das Produkt zu 100 Prozent zu den persönlichen Bedürfnissen, nehmen Kunden auch eine Differenzierung über einen höheren Preis in Kauf.

Mit mymuesli sind Sie einer der Pioniere der Mass Customization, also der kundenindividuellen Massenproduktion in der Lebensmittelbranche. Wie stabil ist dieser Trend?

Die Möglichkeiten sind noch lange nicht ausgereizt, es macht ja im Food-Bereich außer uns noch keiner so richtig. In anderen Geschäftsbereichen gibt es bereits seit Langem solche Ansätze, man denke nur an Maßhemden oder Maßschuhe, oder auch an die pharmazeutischen Hersteller, die Arzneimittel immer gezielter an individuelle Krankheitsbilder anpassen. Bei den Lebensmitteln sind wir noch ganz am Anfang.

Haben Sie ein Beispiel, wo das gut funktionieren könnte?

Man könnte in Zukunft etwa Fertiggerichte individualisieren, weitere Beispiele wären Snacks oder Shakes. Nur: Das funktioniert nicht über die herkömmlichen Vertriebsstrukturen. Im Moment laufen noch 99 Prozent des Lebensmittelmarktes über die großen Retailer. Für individualisierte Lebensmittel muss man als Hersteller direkten Zugang zu den Kunden haben, über Zwischenhändler wird so ein Modell nicht funktionieren. Aber mit den neuen technologischen Möglichkeiten wird das auf jeden Fall ein Megatrend werden.

Solche Konzepte wären dann abhängig von digitalen Kommunikationskanälen?

Ohne digitalen Ansatz und direkten Channel zum Kunden wird das Individualisieren von Lebensmitteln nicht funktionieren.

Ernährung hat viel mit Gesundheit zu tun. Im Gesundheitswesen gewinnt Selfcare an Bedeutung, die Menschen kümmern sich immer mehr selbst um ihre Gesundheit. Sehen Sie da Parallelen, vielleicht auch gemeinsames Zukunftspotenzial?

Ich erkenne einen deutlichen Trend, dass Medizin, Ernährung und Nahrungsergänzung dichter zusammenrücken. Bei diesen Themenfeldern wird es in den nächsten Jahren und Jahrzehnten Quantensprünge geben. Es ist bekannt, dass die richtige Ernährung dabei helfen kann, Krankheiten zu vermeiden – nicht alle, aber viele, darunter einige Volkskrankheiten, die auch auf schlechte Ernährung und mangelnde Bewegung zurückzuführen sind.

Denken Sie bereits über entsprechende Produktideen nach?

Wir denken nicht nur darüber nach, wir arbeiten bereits daran. Vor zwei Jahren hatten wir Testkits für Blutzuckerwerte angeboten, um das Marktpotenzial zu sondieren. Die Kits wurden von den Kunden gut angenommen, aber momentan verkaufen wir sie nicht, da wir sie aufgrund der gewonnenen Erkenntnisse weiterentwickeln. Auch einen DNA-Test für eine Stoffwechseltyp-basierte Ernährung hatten wir angeboten und wieder aus dem Sortiment genommen – die Verwendung der eigenen DNA wird sehr sensibel von Kunden wahrgenommen. Gleichzeitig berücksichtigen die Ergebnisse keine Rückschlüsse auf das menschliche Mikrobiom, das für Ernährung und Gesundheit wesentlich ist. Für solche Mikrobiomanalysen, an die wir eher glauben, brauchen wir aber noch größere Datensätze, aus denen sich analysieren lässt, welche Nahrungsmittel gut verarbeitet und vertragen werden.

Im vergangenen Jahr haben Sie die meisten Ihrer lokalen Shops wieder geschlossen – nicht nur wegen der Coronakrise, sondern auch aus strategischen Gründen, weil Sie sich auf das erfolgreichere Online-Geschäft fokussieren wollen. Warum läuft es online besser als im Shop?

Die strategische Entscheidung kam erst nach Corona. Vorher wollten wir einen Multichannel-Ansatz fahren und sowohl online wie offline vertreten sein. Unsere Läden haben auch Gewinn gemacht. Das hat sich durch Corona geändert. Die Umsätze sind teilweise um über 95 Prozent eingebrochen, auch danach blieben wir um die Hälfte unter den Vor-Corona-Umsätzen. Wir glauben nicht, dass sich der stationäre Einzelhandel wieder auf das alte Niveau erholt. Gleichzeitig werden wir neben unserem Online-Kanal den stationären Handelsbereich stärken, zum Beispiel über Shop-in-Shop-Konzepte, die wir gemeinsam mit großen Einzelhandelsketten passgenau umsetzen. Und auch unser Customization-Ansatz übernimmt im Lebensmitteleinzelhandel eine stärkere Rolle, indem wir marktindividuelle Müslikreationen für unsere Partner entwickeln.

Wie wichtig ist das „sinnliche Einkaufserlebnis" beim Beschaffen von Lebensmitteln?

Im Supermarkt ist das Einkaufserlebnis ja nicht so wirklich sinnlich, da steht etwas im Regal, das nimmt man dann mit. Über Bildsprache und Videos kann ich digital viel über das Produkt transportieren, fast schon mehr als über den klassischen Lebensmitteleinzelhandel. Da sehen wir keine grundsätzliche Einschränkung.

Sie bezeichnen sich als digitale Müslimarke mit einem „datengetriebenen kundenorientierten Ansatz" – was heißt das konkret?

Unser Fokus liegt auf Customization, wir können richtig gut auf individuelle Vorlieben, Geschmäcker, Ernährungsstile und ihre Vielseitigkeit eingehen. Wir wissen aufgrund unserer Bestelldaten sehr genau, welche Zutaten gerne kombiniert werden, also zum Beispiel was unsere Kunden zu Erdbeeren oder Haselnüssen gerne mixen. Das ist ein wertvolles Asset, das uns Trends früh erkennen lässt und zu tollen Müslikreationen und Produktinnovationen inspiriert. Gleichzeitig helfen uns unsere Erkenntnisse aus Einzelhandel und Marktdaten, um unseren Partnern passgenaue Produkte und Strategien für ihre Käufergruppe anzubieten.

Wäre mymuesli ohne Digitalisierung denkbar?

Das kann ich mir nicht vorstellen, wir hätten gar nicht anders starten können. Aber bei aller Digitalisierung dürfen wir die Menschen nicht vergessen: Wir wollen ein Müsli machen, das den Kunden schmeckt, daher steht die Interaktion mit Kunden wie auch mit dem eigenen Team im Mittelpunkt.

Sie setzen auf Bioprodukte und umweltfreundliche Innovationen, fördern nachhaltige Projekte. In Ihrer Versandhalle steht eine vollautomatische Kartonfaltmaschine, die jährlich zig Tonnen an Papiermüll und zudem Stauraum in der Logistik vermeidet, da sie die Verpackung für jedes einzelne Paket genau nach den benötigten Maßen zuschneidet – die erste dieser Art in Deutschland. Welchen Anteil haben diese innovativen Ansätze bei der Kundengewinnung und -bindung?

Nachhaltigkeit ist mir schon seit meiner Schulzeit ein persönliches Anliegen. Ich möchte mit mymuesli als Unternehmer eine Vorreiterrolle einnehmen und authentisch vorleben, dass Lebensmittel bei der Herstellung und im Verbrauch keinen negativen Einfluss auf die Umwelt haben müssen. Ich glaube nicht, dass wir dadurch deutlich mehr Umsatz machen. Aber ich glaube, man verliert langfristig, wenn man diese Themen vernachlässigt.

„Bei aller Digitalisierung dürfen wir die Menschen nicht vergessen: Wir wollen ein Müsli machen, das den Kunden schmeckt, daher steht die Interaktion mit Kunden wie auch mit dem eigenen Team im Mittelpunkt.“

PHILIPP KRAISS

Philipp Kraiss, Jahrgang 1980, ist einer der Gründer des Start-up-Unternehmens mymuesli, das 2007 an den Start ging. Heute lenkt er als CEO die Geschicke des Unternehmens. Der gebürtige Tübinger engagiert sich bereits in seiner Schulzeit als Umweltkapitän für Themen des Klimaschutzes. Heute lebt er mit seiner Familie im niederbayerischen Passau. Neben seinem Engagement für „Leaders for Climate Action“ gehören auch Future Food und Alternative Farming zu seinen Leidenschaftsthemen.

Menschen statt  Marken

Die digitale Transformation stellt den Vertrieb vor neue Herausforderungen. Kundinnen und Kunden sind immer besser informiert, am Ende zählen Vertrauen und Authentizität, damit es zu einer Verkaufsentscheidung kommt. Immer mehr Unternehmen setzen deshalb auf Social Selling – durch Influencer in den eigenen Reihen als auch in Form von Werbeträgern für ihre Produkte. Ist dies die Zukunft des Handels?

Irgendwann dachte Philipp Schmid, da geht noch mehr. Als Marketing-Manager der SKF Gruppe, einem Hersteller von industriellen Wälzlagern, Dichtungen und Schmiersystemen, war Schmid für die Windenergiebranche zuständig. „Ich hatte mir da im Laufe der Jahre ein eigenes Netzwerk und einen Ruf als Branchenspezialist aufgebaut.“ Als er der zentralen Unternehmenskommunikation vorschlug, einen eigenen LinkedIn-Kanal speziell für seine Zielgruppe einzurichten, scheiterte das an der Corporate Policy des Konzerns. „Es hieß: Wir machen das alles über unseren zentralen Unternehmenskanal.“

Das Problem war nur: Seiner Community war der Unternehmenskanal ziemlich egal. „Das war eine reine Unternehmensseite, auf der Firmeninhalte gepostet wurden: die neuen Azubis, neue Produkte für verschiedene Branchen, der CEO auf dieser Messe, der CEO auf jener Veranstaltung. Das meiste war relativ uninteressant für mein Netzwerk.“ Also nahm Schmid das selbst in die Hand und begann, auf seinem privaten LinkedIn-Profil Branchennews zu posten. Kurze Zeit später war er in der ganzen Firma bekannt. „Ich hatte eine extrem hohe Reichweite. Der Vorstand, die Kommunikationsabteilung, die Kollegen aus dem Vertrieb – alle fanden das super.“

Enormes Potenzial für den Sales

Dann kam die nächste große Messe. Schmid war Standleiter und hatte den Auftrag, möglichst viele Leads zu generieren. Dazu braucht man Kundentermine. Also lädt man die Vertriebskollegen ein und bittet diese, ihre Kunden mitzubringen. „Oft hört man dann, die kämen doch von selbst, die müssten wir nicht extra einladen. Und da dachte ich mir: Wenn ihr das nicht macht, übernehme ich das eben selbst.“ Schmid aktivierte sein LinkedIn-Netzwerk und generierte am Ende mehr vorab geplante Kundengespräche als das ganze Vertriebsteam zusammen. „Das war der Punkt, an dem ich gemerkt habe, was meine Präsenz auf LinkedIn für ein enormes Potenzial für den Vertrieb hat. Ich war gewissermaßen vom Corporate Influencer zum Social Seller geworden.“

Inzwischen ist Philipp Schmid Professor für Geschäftsentwicklung an der Hochschule Kempten und einer der gefragtesten Experten in Deutschland, wenn es um das Thema Social Selling geht, also die zunehmende Verschmelzung von Marketing und Vertrieb durch die Möglichkeiten von Social Media. Es ist ein Trend, den viele Unternehmen aufmerksam beobachten und bereits selbst in ihren Vertriebsaktivitäten implementieren. Zugrunde liegt ihm ein sehr wirkmächtiger psychologischer Mechanismus, der wiederum das Design der Algorithmen bestimmt, nach denen große Plattformen ihren Content organisieren: Menschen interessieren sich in erster Linie für andere Menschen. Und nur mittelbar für Marken und Produkte. Dementsprechend höher bewerten LinkedIn, Facebook und Co. Beiträge von Personen als diejenigen von Unternehmen. „Einfach nur irgendein neues Bauteil zu posten, so cool und innovativ das auch sein mag, funktioniert nicht. Wenn ich das aber persönlich mache und noch ein paar nette Fotos dazustelle, dann erzielt das eine deutlich größere Reichweite.“

Schneller Vertrauen aufbauen

Der Kunde braucht ein Gesicht, das ihm sympathisch ist. Das sagt Felicia Stolfig, Sales Managerin bei der EDAG Group, einer der weltweit größten Ingenieurdienstleister der Mobilitätsbranche. Eine Stunde pro Tag verbringt Stolfig auf LinkedIn, um mit ihrem Netzwerk in Kontakt zu treten. Alle 14 Tage veröffentlicht sie selbst einen Beitrag auf ihrem persönlichen Account. „Früher baute man als Vertriebler den Kontakt zu Kunden über persönliche Treffen auf. Das hat sich, auch durch Corona, inzwischen stark verändert. Ein normaler Termin, der früher für eineinhalb Stunden angesetzt war, dauert heute höchstens noch 30 Minuten. Da geht es dann vor allem um technische Details, Zeit für Small Talk bleibt kaum. Diese Lücke schließt jetzt Social Selling."

„Ein Standardtermin, der früher für eineinhalb Stunden angesetzt war, dauert heute höchstens noch 30 Minuten. Da geht es dann vor allem um technische Details, Zeit für Small Talk bleibt kaum. Diese Lücke schließt jetzt Social Selling."

Felicia Stolfig,
Sales Managerin EDAG Group

Das Engagement auf LinkedIn lohnt sich im Vertrieb, Kundenbindung und Verkaufsquote profitieren vom Social Selling. Das hat auch damit zu tun, wie sich die Customer Journey im Zuge der Digitalisierung verändert. Viele Kunden, erzählt Stolfig, seien im Grunde schon top informiert, wenn sie sich entschließen, mit dem Vertrieb Kontakt aufzunehmen. „In diesem Moment trifft der Kunde mit einer konkreten Kaufabsicht auf den Vertrieb und kann nun optimal beraten werden. Wenn er den Ansprechpartner bereits aus den sozialen Netzwerken kennt, kann schneller Vertrauen aufgebaut werden." Noch dazu käme eine andere Entwicklung, die durch die digitale Transformation weiter vorangetrieben wird. „Nicht nur auf Seiten des Vertriebs hat sich die Schlagzahl im Arbeitsalltag deutlich erhöht, den gleichen Effekt gibt es beim Kunden. Meine Ansprechpartner hetzen von einem Online-Termin in den nächsten und müssen nebenbei noch E-Mails beantworten. Diese wollen dann im Zweifel lieber ein aussagekräftiges und informatives Posting von mir sehen, als angerufen zu werden."

Besonders spannend wird es, wenn Stolfig vom sogenannten „inneren Vertrieb" berichtet, also dem Standing, das ein Sales Manager im eigenen Unternehmen hat. Dabei macht sie dieselbe Erfahrung wie Philipp Schmid. „Gerade als Vertriebler ist es extrem wichtig, im eigenen Unternehmen bekannt zu sein", so Stolfig. Diese Bekanntheit helfe ihr enorm, da sei es erheblich leichter, etwa zusammen mit einer Abteilung eine Angebotsphase zu begleiten. „Man braucht interne Partnerschaften."

Geduld beim Beziehungsaufbau zahlt sich aus

Natürlich steht und fällt Social Selling mit den Persönlichkeiten derjenigen, die es betreiben. Nicht jeder bringt die Voraussetzungen mit, um auf Social Media als Markenbotschafter zu agieren. Und nicht jedem ist es geheuer, dafür seinen persönlichen LinkedIn-Kanal zur Verfügung zu stellen. „Zunächst muss klar sein: Das ist jetzt nicht etwas, was zusätzlich zum eigentlichen Job als Add-on dazukommt", sagt Philipp Schmid. „Das ist richtige Arbeit." Und natürlich sollte man sich auch als Privatperson mit dem Unternehmen identifizieren können und eine gewisse Begeisterung für die Sache mitbringen. Gerade diese Mischung sei es aber, die Social Selling so wirksam macht, so Schmid. „Nichts ist vertrauenerweckender und authentischer als eine Expertin oder ein Experte, der über sein privates Profil seine Begeisterung für eine Branche zeigt."

„Nichts ist vertrauenerweckender und authentischer als eine Expertin oder ein Experte, der über sein privates Profil seine Begeisterung für eine Branche zeigt."

Philipp Schmid, Professor für Geschäftsentwicklung an der Hochschule Kempten

Nur: Wie schafft man es, Vertrauen aufzubauen, wenn es am Ende doch wieder „nur" um das Verkaufen von Produkten geht? Auch wenn Social Selling den Sales schon im Namen trägt, für Philipp Schmid geht es zuvorderst um den Aufbau von Beziehungen. „In vielen Branchen wird der Verkauf auch in Zukunft nicht online getätigt, sondern in Buying Center von verschiedenen Akteuren mit teilweise unterschiedlichen Interessen getroffen." Und wer in seiner Community zu schnell den Anschein erweckt, es geht ihm nur darum, seinen Kontakten etwas zu verkaufen, der schaffe es kaum, Vertrauen aufzubauen. Wie herausfordernd dies bisweilen sein kann, davon weiß Iliyana Panov zu berichten.

Panov ist im Bereich Customer Relation Management bei Unlock Growth tätig, einem Kölner Start-up, das Unternehmen beim Aufbau einer digitalen Vertriebsstrategie berät und dabei auf Social Selling setzt. „Als ich hier angefangen habe, wurde mir gesagt: Baue dir erst mal ein Netzwerk auf, stelle Fragen, versuche herauszufinden, wo die Bedarfe sind und wie wir unterstützen können. Ich hatte dann Chatverläufe, die gingen über Monate. Und irgendwann habe ich zu Hendrik, unserem Gründer, gesagt: ‚Ich bin eine Geldverschwendung, ich arbeite seit Monaten und nichts passiert, doch der hat einfach gelacht und meinte: ‚Warte ab! Irgendwann kommt auch etwas zurück.' Inzwischen weiß Panov: Die Geduld zahlt sich aus. Irgendwann wird der Kunde auf eine Event-Einladung eingehen oder sich nach der Lektüre eines Whitepapers zurückmelden. „Dann kommt es zu einem Verkaufsgespräch. Und zwar, weil die Kunden es wollen und nicht, weil der Sales so stark gepusht hat."

In Europa LinkedIn, in China WeChat, in Indien Facebook

Auch für Mike Kleinemaß ist Social Selling mehr Kundenbeziehungsmanagement als direkter Verkauf. Kleinemaß ist als Product Owner für Digital Marketing & Sales bei thyssenkrupp Materials Services tätig, einem der weltweit größten Werkstoffhändler, und arbeitet dort in einem Team von agilen Projektmanagern, das an innovativen Lösungen im Bereich Vertrieb tüftelt. Social Selling sieht er als Teil eines Trends zum hybriden Vertrieb, der speziell in seiner Branche immer weiter an Bedeutung gewinnt. „Social Selling gibt es vor allem im asiatischen und nordamerikanischen Raum schon lange, übrigens auf den unterschiedlichsten Kanälen." Während sich in Europa LinkedIn durchgesetzt habe, erfolge die Kontaktaufnahme in China über WeChat oder gar TikTok, in Indien wiederum sei Facebook dominant. „Neu ist die immer größere Relevanz für den Vertrieb. Wir analysieren inzwischen bei unseren Kunden, wer eher über Social Media kontaktiert wird und bei wem es angebrachter ist, einen persönlichen Besuch einzuplanen."

„Neu ist die immer größere Relevanz für den Vertrieb. Wir analysieren inzwischen bei jedem unserer Kunden, wer eher über Social Media kontaktiert wird und bei wem es angebrachter ist, einen persönlichen Besuch einzuplanen.“

Mike Kleinemaß,
Digital Marketing und Sales Manager bei thyssenkrupp Materials Services

Anders als bei dem Verkauf von komplexen Maschinen oder Dienstleistungen kann im Werkstoffhandel etwa ein Post über verschiedene Aluminiumlegierungen direkt zu einer Order des Materials führen – und zwar online. „Das ist ein Trend, den wir schon länger in Asien beobachten und der auch in der westlichen Welt zunehmen wird“, so der Digital-Sales-Experte. Dort wären nach aktuellen Studien bereits 35 Prozent der B2B-Entscheider bereit, Bestellungen bis zu einer halben Million Dollar direkt online auszuführen, 77 Prozent würden bis zu einem Betrag von 50.000 Dollar gehen. Ob es so weit komme, hänge allerdings stark davon ab, wie gut es ein potenzieller Social Seller schaffe, sich als Experte zu positionieren. Das wiederum liege auch in der Verantwortung des Unternehmens. „Wir warten nicht einfach ab, dass jemand auf die Idee kommt, auf Social Media aktiv zu werden, sondern identifizieren und fördern gezielt Mitarbeitende, die Lust dazu haben und auch die entsprechende Persönlichkeit mitbringen“, so Kleinemaß. „Thought Leadership“ heißt das bei thyssenkrupp und auch EDAG plant, für verschiedene Fachbereiche spezielle Corporate Influencer aufzubauen, die auch bei geringer Reichweite eine spezielle Nische bedienen können.

Influencer-Marketing im B2C

Als solche weisen die Unternehmens-Influencer im B2B-Bereich gewisse Gemeinsamkeiten mit jenen auf Social-Media-Kanälen aktiven Werbeträgern auf, die Unternehmen im B2C-Segment Zugang zur jüngeren Zielgruppe verschaffen sollen. Im Jahr 2021 gaben Unternehmen laut Influencer Marketing Hub weltweit mit fast 14 Milliarden Dollar mehr als doppelt so viel für Influencer-Marketing aus wie noch zwei Jahre zuvor. Ähnlich wie bei Corporate Influencern geht es um das Aufbauen von Reichweite und Vertrauen. Wie effektiv das Influencer-Marketing letzten Endes aber wirklich ist – wie viele Käufe am Jahresende also tatsächlich auf Influencer-Werbung zurückgehen –, ist schwer zu ermitteln. In Deutschland soll sich laut Statista Global Consumer Survey nur jeder Sechste von einem Influencer zum Kauf eines Produktes animieren lassen.

Für Nancy Julius, Managing Director und COO bei We Are Era, einer Bertelsmann-Tochter, die sich unter anderem auf Influencer-Marketing spezialisiert hat, sind solche Zahlen jedoch nur wenig aussagekräftig. „Fakt ist: Menschen vertrauen und folgen Menschen und keinen Marken. Meinungsführerinnen und -führer sind demnach kein Hype, sondern bleiben für Unternehmen eine wichtige und interessante Marketing-Option.“ Vorausgesetzt, man verstehe die Mechanismen des Marktes und sei sich dessen hoher Dynamik bewusst. „Authentisches Storytelling ist nicht trivial, Relevanz zu erzeugen wird immer schwerer.“ Während es vor drei Jahren noch ausreichte, vor allem auf YouTube präsent zu sein, finde wirksames Influencer-Marketing heute auf mindestens zwei bis drei Plattformen parallel statt. „Das hat heute eine hohe Komplexität. Die

Rolle von geteilten Wertesystemen wird immer wichtiger, Psychografien lösen die klassische Demografie ab. Das heißt, nicht das gleiche Alter, sondern gleiche Verhaltensweisen und Attitüden formen Communitys. Wer in der Zukunft relevant bleiben will, muss nicht nur die Bedürfnisse der Communitys verstehen, sondern plattformübergreifend Geschichten erzählen können."

„Wer in der Zukunft relevant bleiben will, muss nicht nur die Bedürfnisse der Communitys verstehen, sondern plattformübergreifend Geschichten erzählen können."

Nancy Julius,
COO We Are Era

Aufstieg der Nano-Influencer

Auch die Rolle der Influencerinnen und Influencer verändert sich. Maria Molody arbeitet als PR-Managerin bei der Looping Group, einer Corporate-Publishing-Agentur mit Hauptsitz in München. Seit sie vor einigen Jahren für Ford in Shanghai Influencer-Kampagnen realisierte, beobachtet sie die Entwicklung dieses Marketing-Segments genau. „Influencer ist man heute nicht mehr nur dann, wenn man sich eine große Followerschaft aufgebaut hat. Im Grunde hat heute jeder ein Influencer-Potenzial, sobald er eine öffentlich zugängliche Bewertung abgibt." Selbst bei der Auswahl des richtigen Autos, so eine Google-Studie, vertrauten Käufer Online-Videos so sehr, dass sie zum Teil auf Probefahrten verzichteten. Das ist auch der Grund, warum sogenannte Nano-Influencer (unter 10.000 Follower) immer mehr an Bedeutung gewännen. „Unsere Gesellschaft ist so stark fragmentiert wie vermutlich nie zuvor. Ein Gaming-verrückter Millennial hört auf andere Multiplier als ein Teenager, der für ‚Fridays for Future' auf die Straße geht."

In welche Richtung sich Social Selling im B2C-Bereich weiterentwickelt, ist ihrer Meinung nach schwer zu prognostizieren. Sie selbst spüre mittlerweile eine gewisse Übersättigung auf vielen Kanälen. „Ich merke das an den Influencern, denen ich selbst folge. Da vergeht im Grunde kein Tag, an dem einem nicht gezeigt wird, was man kaufen könnte. Gut fühlt sich das nicht mehr an." Zum anderen beobachtet sie einen spannenden Gegentrend zum bisherigen Deal zwischen Multiplikatoren und Unternehmen. Statt ihr eigenes Netzwerk zum Verkauf bestimmter Produkte zu nutzen, bauen sich Influencer eine Expertenposition auf, indem sie diese Produkte mit Fachwissen beurteilen – um am Ende ihr eigenes Portfolio zu präsentieren. Die einstigen Werbebotschafterinnen und -botschafter werden immer häufiger selbst zur Marke, treten potenziell in Konkurrenz zu Produkten, die sie vor ein paar Jahren vielleicht noch beworben hätten.

„Unsere Gesellschaft ist so stark fragmentiert wie vermutlich nie zuvor. Ein Gaming-verrückter Millennial hört auf andere Multiplier als ein Teenager, der für ‚Fridays for Future' auf die Straße geht."

Maria Molody,
PR-Managerin Looping Group

Influencer werden zu Creators

Dr. Paul Engelmann ist CEO des Activeware-Labels Oceansapart und promovierter Marketing-Wissenschaftler. Sein Unternehmen Oceansapart gilt seit 2018 als führend im Bereich Social-Media-Marketing und setzte sehr früh auf die Zusammenarbeit mit Influencern. „Die Voraussetzungen heute sind ganz anders als noch vor ein paar Jahren", sagt er. „Wir sprechen auch gar nicht mehr von Influencern, die lediglich ihren Einfluss dazu nutzen, bestimmte Produkte zu bewerben, sondern von Content Creators." Diese legen ihren Fokus auf hochwertig produzierte Inhalte und nicht unbedingt auf Aspekte wie Reichweite oder Followerzahl. „Creators sind selbstbewusste, eigene Akteure. Deshalb muss die Marke auch immer im Mittelpunkt der Zusammenarbeit stehen. Sonst bewirbt man am Ende die Person und nicht das Produkt", so Engelmann. Oder anders ausgedrückt: Die Geschichte, welche die Marke selbst erzählt, muss stark genug sein, um von unterschiedlichen Akteuren mit je eigenen Geschichten transportiert zu werden.

Andere Plattform, andere Regeln

Wie eine solche Zusammenarbeit im Einzelfall aussieht, hängt dabei von den Plattformen ab, auf denen sie sich abspielt. Wandeln sich diese, werden auch die Karten neu gemischt. Anders als die lange dominante Plattform Instagram mit ihrer Ausrichtung auf einzelne Personen legt der neue Social-Media-Star TikTok viel stärkeren Wert auf den produzierten Content. Das mache es für Marken komplizierter, erklärt Engelmann. „Bei Instagram war es noch relativ einfach. Der Nutzen für den Kunden ergab sich durch die Followerzahl des Influencers und dessen Engagement-Rates. Bei TikTok funktioniert das nicht mehr so einfach." In Folge müssten Marken immer genauer sondieren, welche Kanäle sie auf welche Weise bespielen. Und in welchem Rahmen Social Selling überhaupt sinnvoll ist. „In unserem Omnichannel-Marketing-Mix macht die Zusammenarbeit mit Creators einen wichtigen Teil aus, ist aber schon lange nicht mehr der einzige Kanal", so Engelmann.

Dass das Thema in Zukunft grundsätzlich an Relevanz verliert, glaubt er aber nicht. Dieser Meinung ist auch Maria Molody von Looping. „Die neuen Herausforderungen fördern auch erstaunliche Innovationen. Modernen PR-Profis stehen heute Data Tools zur Verfügung, mit denen sie ihre Zielgruppen bis in den Promillebereich analysieren können." Auch für Nancy Julius überwiegen die Chancen, die Unternehmen aus der Zusammenarbeit mit Multipliern ziehen können. „Wir werden alle möglichen Arten der Kooperation sehen: Klassisches Influencer-Marketing mit Produktplatzierungen, Co-Kreationen von Influencern mit Marken, wie sie ja heute ab einer bestimmten Followerzahl schon fast Standard sind, bis hin zu mehr Produkten rund um den Creator."

Eventuell wird sich Social Selling in bestimmten Bereichen des B2C-Kontexts weg vom Beziehungsaufbau hin zum reinen Verkaufstool entwickeln. „In Asien beobachten wir heute schon, wie sich die jüngere Zielgruppe zum Shoppen auf Social-Media-Kanälen tummelt", so Nancy Julius. „Das ist dann wie beim Teleshopping, nur interaktiv. Ich sehe das Produkt live im Stream und wenn ich eine Frage dazu habe, schreibe ich diese schnell in den Chat: Coole Schuhe, könntest du bitte etwas näher heranzoomen?"

Neue Offenheit

Kundenakquise und Kundenbindung im Finanzsektor

Die Finanzbranche ist dabei, sich grundlegend zu transformieren. Ob Banken, Start-ups, Neobanken oder Fintechs – sämtliche Akteure der Branche haben erkannt: Wer die gestiegenen Ansprüche der Kunden optimal bedienen will, muss zusammenarbeiten. Open Finance heißt das neue Mindset. Finanzexperte Eric Duffaut erläutert, was genau es damit auf sich hat und welche Chancen und Herausforderungen sich für Unternehmen ergeben.

Als Open Banking als neues Konzept vorgestellt wurde, glaube ich kaum, dass irgendjemand vorhersehen konnte, wie weitreichend die Veränderungen wirklich sein würden. Open Banking basiert auf der Idee, die Finanzdaten eines Kunden mit dessen Einverständnis mit verschiedenen Anbietern zu teilen – mit dem erklärten Ziel, den Konsumenten flexible und miteinander kompatible Bankdienstleistungen anbieten zu können. Das ermöglichte den Kunden nicht nur, das Steuer selbst in die Hand zu nehmen, sondern eröffnete ihnen gleichzeitig auch ganz neue Möglichkeiten: Sie profitierten von einer deutlich größeren Auswahl an Bankdienstleistern und Services sowie von günstigeren Angeboten und zusätzlichen Leistungen.

Im November 2007 trat die Zahlungsdiensterichtlinie – auch unter dem englischen Kürzel PSD bekannt – in Kraft. Damit wurde in der EU und einer Handvoll weiterer Teilnehmerländer ein einheitlicher Zahlungsverkehrsraum geschaffen. So wurden Zahlungen vereinfacht, beschleunigt und der in der Branche dringend notwendige Wettbewerbs- und Innovationsschub angestoßen.

Sechs Jahre später schlug die EU-Kommission die zweite Zahlungsdiensterichtlinie, „PSD2", vor. Diese nahm auch Sicherheit und Verbraucherschutz in den Blick. Gleichzeitig sollten das Zahlungsverfahren weiter verbessert und die Gebühren weiter gesenkt werden sowie Finanzinstitute ihre Infrastruktur über offene Programmierschnittstellen (Open APIs) für Dritte zugänglich machen.

Ein bekannter Vertreter der Branche bezeichnete PSD2 und Open Banking einmal als „Stehblues", weil viele Institute bisher keine Partnerschaften mit Fintechs eingegangen waren und nicht so recht wussten, wie sich das für sie als Hauptmarke auswirken könnte. Nur wenige Jahre nachdem diese Regelungen offiziell in Kraft getreten waren, wird Open Banking jetzt von einem noch sehr viel umfassenderen Konzept abgelöst: Open Finance.

Bei Open Finance geht es mehr denn je um den Kunden. Ob die Entwicklung nun von der Zahlungsdiensterichtlinie, der intensiveren Nutzung der Cloud, dem Kundenbedarf oder schlicht innovativen Erfindungen ausgelöst wurde – wir sind Zeugen einer grundlegenden Transformation des Finanzdienstleistungssektors. Und wo bisher keine Transformation stattgefunden hat, wird sie mit ziemlicher Sicherheit noch folgen.

„Die grundlegende Transformation des Finanzdienstleistungssektors ergibt sich aus einer neuen Denkweise, die weit stärker als bisher die Bedürfnisse der Kunden in den Blick nimmt. Die zentrale Frage lautet: Was wollen die Kunden wirklich?“

Wie die Welt bisher aussah

Die Transformation ergibt sich aus einer neuen Denkweise, die weit stärker als bisher die Bedürfnisse der Kunden in den Blick nimmt. Die zentrale Frage lautet: Was wollen die Kunden wirklich? Bisher ging es nur um oberflächliche Bedürfnisse: Die Kunden möchten einen Kredit. Die Kunden wollen eine Kreditkarte. Die Kunden interessieren sich für eine Hypothek. Die Kunden planen, ihre überschüssigen Ersparnisse zu investieren. Für diese Bedürfnisse wurden Produkte entwickelt, und durch verstärkte Personalisierung und intensivere Kenntnis der Kunden ließ sich besser abschätzen, wann diese womöglich ein neues Produkt benötigen würden. So weit ganz einfach, nicht wahr?

Mit dem Aufkommen von Digital-First-Unternehmen und Open Banking – und der entsprechenden Disruption durch Fintechs – wurde das Konzept der Kundenbedürfnisse grundlegend neu gedacht. Die Unternehmen – und nicht zuletzt die Finanzdienstleister – mussten es von einem anderen Standpunkt und aus einer neuen Blickrichtung überprüfen. Sie mussten überlegen, ob es sinnvoll ist, wirklich nur auf ein Kundenbedürfnis einzugehen. Sie mussten Beweggründe für bestimmte Entscheidungen ganzheitlicher erfassen und die Welt stärker aus der Kundenperspektive sehen.

Die Kundenperspektive

Unser CEO Simon Paris erzählt zu diesem Thema gern eine hübsche Anekdote, an der sich der Umfang dieser Verschiebung gut erkennen lässt. Er nahm zusammen mit einem bekannten Analysten, einem Banker und einem Fintech-Vertreter an einer Podiumsdiskussion teil, bei der es darum ging, wie man Kunden bestmöglich begleiten und ihre Bedürfnisse optimal befriedigen kann. Der Analyst und der Banker sprachen über Lifestyle-Analysen, prädiktive Indikatoren, Lebenszyklus-Management und so weiter. Der Fintech-Repräsentant saß kopfschüttelnd dabei und konnte es gar nicht fassen. Die anderen Teilnehmer fragten: „Sind Sie anderer Auffassung?“

Und er antwortete schlicht: „Es geht den Kunden nicht um die Hypothek. Es geht ihnen um ein Zuhause.“

Tiefes Schweigen.

Er führte aus: „Wenn ich ein Zuhause möchte, ist die Hypothek nur eine Etappe auf dem Weg dahin. Ich brauche außerdem einen Wertgutachter für das Haus und einen Rechtsberater, ich möchte wissen, wie hoch die Steuern in der Gemeinde sind, wie die Kriminalitätsrate aussieht und wie gut die Schulen sind. Ich brauche Versicherungen, ich brauche einen Umzugsservice und ich muss einen guten Strom- und Wasserversorger finden. Es geht mir nicht um die Hypothek – es geht mir um ein Zuhause."

Diese einfache Geschichte hat weitreichende Implikationen – und bietet entsprechende Chancen. Unternehmen könnten in Zukunft die Rolle eines Lotsen annehmen, der gegebenenfalls nicht selbst die Hypothek bereitstellt, aber für alle Wegetappen Unterstützung bietet. Ein Beispiel wäre Uber, das selbst keine Fahrzeugflotte betreibt. Auch Airbnb hat nicht in ein Immobilienportfolio investiert. Und Amazon stellt natürlich auch nicht alle Produkte der Welt selbst her. Genauso wenig, wie es als Verleger der Bücher agierte, mit deren Vertrieb die Plattform startete.

Die große Entflechtung

Global gesehen wurden Dienstleistungen entflochten und entsprechend den Kundenbedürfnissen neu zusammengestellt. Es geht immer um das große Ganze für den Kunden. Das lässt sich sehr einfach veranschaulichen. Nehmen wir ein Auto, zum Beispiel einen Porsche. Anhand der zahlreichen Einzelteile eines Porsche lässt sich gut erläutern, wie die große Entflechtung und die Neuzusammenstellung funktionieren. Was stellt Porsche eigentlich her? Nicht die Räder, das Chassis, die Sitze oder die sonstigen Einzelteile. Porsche stellt diese Einzelteile vielmehr entsprechend den jeweiligen Kundenwünschen zusammen.

Dasselbe geschieht auch bei Finanzdienstleistungen, wie ein Bericht von CB Insights zeigt. Darin geht es darum, wie Amazon die verschiedenen Services von Banken aufbricht und wieder neu zusammensetzt. Konten für Privatkunden, Firmenkreditkarten, Zahlungsverkehr, Versicherungen ... Amazon bündelt die Services von Visa, Mastercard, Amex, Kreditanbietern und vielen anderen Unternehmen, um Privat- und Unternehmenskunden genau das richtige Produkt oder genau die richtige Dienstleistung exakt zum richtigen Zeitpunkt anbieten zu können.

Auf den Kontext, aus dem sich ergibt, wann welcher Service benötigt wird, gehe ich später im Abschnitt „Banking as a Service" noch genauer ein. Eins ist jedoch klar: Im Gegensatz zu den 1980er-Jahren kommt es nicht mehr darauf an, selbst das beste Produkt entwickelt zu haben. Auch Größe ist kein entscheidender Vorteil mehr. Nach wie vor ist beides natürlich hilfreich, letztlich geht es jedoch darum, Produkte möglichst schnell an den Markt zu bringen. (Klaus Schwab, der Gründer des World Economic Forum, sagte schon vor fünf Jahren: „In der neuen Welt fressen nicht mehr die Großen die Kleinen, sondern die Schnellen die Langsamen.") Und Zusammenarbeit ist dafür der schnellste Weg.

„Im Gegensatz zu den 1980er-Jahren kommt es nicht mehr darauf an, selbst das beste Produkt entwickelt zu haben. Auch Größe ist kein entscheidender Vorteil mehr. Nach wie vor ist beides natürlich hilfreich, letztlich geht es jedoch darum, Produkte möglichst schnell an den Markt zu bringen. Und Zusammenarbeit ist dafür der schnellste Weg."

Wie man Innovation verlangsamt: Man will alles selbst tun

Finanzdienstleister – ob nun Banken, Start-ups, Neobanken oder Fintechs – haben erkannt, dass sie ihre Perspektive ändern und einen breiteren Fokus auch auf denjenigen Teil der Customer Journey legen müssen, der außerhalb ihrer eigentlichen Expertise liegt. Dabei konzentrierten sich viele aber auf Strategien, die in der Vergangenheit gut funktioniert hatten. Sie glaubten, nur die Entwicklung eigener Lösungen sei erfolgversprechend und Open Banking, das eine engere Zusammenarbeit in der Branche versprach, werde nur in sehr begrenztem Umfang zu einem Wandel führen.

Aus unserer eigenen strategischen Analyse ergibt sich jedoch eine unbequeme Wahrheit, der man sich stellen muss: Vor zehn Jahren waren die zehn wertvollsten Unternehmen im Finanzdienstleistungssektor ausschließlich Banken. Heute befinden sich nur noch vier Banken in dieser Spitzengruppe.

„Finanzdienstleister – ob nun Banken, Start-ups, Neobanken oder Fintechs – haben erkannt, dass sie ihre Perspektive ändern und einen breiteren Fokus auch auf denjenigen Teil der Customer Journey legen müssen, der außerhalb ihrer eigentlichen Expertise liegt.“

Inzwischen bewegt sich der Markt weiter und die Innovation beschleunigt sich exponentiell. Während der Pandemie wuchs die Marktkapitalisierung im Finanzsystem immerhin um über 1,9 Billionen US-Dollar. Mehr als die Hälfte davon (ja, die Hälfte, Sie haben richtig gelesen!) ging an Zahlungsverkehrsanbieter, Börsen und andere Nischenunternehmen.

Die vier größten Hindernisse für eine umfassende digitale Transformation und Innovation

Warum hat sich der Markt so verändert? Warum haben Banken mit ihrer reichhaltigen Historie, ihren Jahrzehnte umfassende Datenreihen und Millionen an Kunden ihren Platz in der Rangordnung verloren? Als Antwort werden immer wieder vier zentrale Probleme angeführt:

1. Das schiere Gewicht der Tradition

Verstehen Sie mich nicht falsch: Die Banken haben sehr erfolgreich umfangreiche, sichere Systeme und Instrumente zur Analyse und Datenverarbeitung aufgebaut. Das haben sie richtig gut gemacht – besser, als viele von uns sich das vorstellen können. Aber wenn ein System erst einmal so groß ist, sind Änderungen daran durchaus riskant – insbesondere dann, wenn es funktioniert. Es ist einfacher, das nächste System draufzusetzen und dann wieder das nächste und so weiter. Eines Tages steht man vor einem Wirrwarr aus veralteten

Systemen, Behelfslösungen und technischen Schulden, wie Informatiker all den Ärger bezeichnen, den man mit schlecht programmierter Software hat. Dann hat man es nicht mehr mit kleineren Wehwehchen zu tun, sondern müsste eigentlich eine Operation am offenen Herzen durchführen – und das in einem hoch regulierten Umfeld!

Der Wettbewerb um qualifizierte Mitarbeiter kommt hinzu. Statt Innovationen voranzutreiben, die entscheidend zum künftigen Wachstum beitragen könnten, versauern begabte Mitarbeiter im Backoffice, wo sie technische Schulden abbauen, Systeme rationieren, kurz alles Mögliche tun, nur nicht innovativ sein.

Erst im vergangenen Jahr konnte man in einer Studie von Deloitte lesen: Nur elf Prozent der Führungskräfte in Banken sind der Auffassung, ihre Modernisierungsprogramme seien fortgeschritten genug, um neu entstehende (und kritische) Technologien wie robotergestützte Prozessautomatisierung (RPA) oder KI einbinden zu können. Wobei an dieser Stelle Fortschritte festzustellen sind. Denn einer aktuellen Studie von IDC zufolge ist dieser Prozentsatz von elf auf rund 25 Prozent gestiegen. Allerdings verfügen damit immer noch drei Viertel der Finanzinstitute nicht über die erforderlichen Prozesse, Instrumente und Fähigkeiten, um sich erfolgreich in der digitalen Infrastruktur der Zukunft bewegen zu können.

Im Englischen gibt es den Ausdruck „boil the frog“. Das Bild ist etwas unappetitlich, beschreibt die Situation im Finanzsektor aber ganz gut. Setzt man einen Frosch in kochend heißes Wasser, dann versucht er zu fliehen. Erhitzt man das Wasser aber langsam, bemerkt er die Gefahr erst, wenn es zu spät ist.

2. Erwartungsverschiebungen im erfahrungsbasierten beziehungsweise kontextorientierten Banking

In unserer Rolle als Verbraucher erwarten wir zunehmend, dass wir genau das, was wir brauchen, auch genau dann und genau dort bekommen, wann und wo wir es brauchen – und das gilt auch für Finanzdienstleistungen. Zeit ist für uns alle ein knappes Gut, und wir können es gar nicht leiden, wenn in der heutigen, zielgerichteten und immer auf die optimale nächste Aktion abgestimmten digitalen Welt eine Personalisierung fehlschlägt. Apps und Marktplätze mit ausgefeilten Algorithmen haben uns verwöhnt – wir wollen es bequem haben, und das mindert vor allem unsere Loyalität als Kunden.

Versetzen wir uns einmal in die Lage eines Privatkunden. Was ist aus seiner Sicht einfacher: Vor einer großen Anschaffung, etwa einem Urlaub oder einem Auto, einen Kreditantrag bei der Bank zu stellen? Oder zum Zeitpunkt der Buchung oder des Kaufs das Angebot einer wettbewerbsfähigen Finanzierungsoption einzuholen? Außerdem ist es im Vergleich zu einer „normalen“ Akquisitionskampagne erheblich weniger kostspielig und gleichzeitig erfolgversprechender, eine Finanzdienstleistung gerade dann anzubieten, wenn sie gebraucht wird. Eine Bank muss die Kosten für die Akquisition eines Neukunden komplett schultern, ein Vertreiber, der die Dienstleistungen einer Bank als White Label anbietet, vielleicht nur zur 40 Prozent. Damit stellt sich eine Frage, die sich vielleicht am besten mit einem abgewandelten Zitat von Bill Gates aus dem Jahr 1994 formulieren lässt: „Man braucht Bankdienstleistungen – aber braucht man Banken?“ Man braucht sie sicherlich, um diese Dienstleistungen für Anbieter und Vertrieb bereitzustellen. Allerdings bleibt die Frage offen, welche Bedeutung die eigene Marke dann noch hat.

3. Kontextorientiertes Banking führt auf das Gebiet des Banking as a Service – die dritte bekannte Hürde
Warum ist das eine Hürde? Nun ja, wenn die Banken vollauf mit Rationalisierung, Modernisierung und Notfalllösungen beschäftigt sind, stellen Konzepte wie Banking as a Service – bei dem sie ihre Services für Anbieter, Vertrieb oder Einzelhandel anbieten – eine ziemliche Herausforderung dar. Vielleicht sogar eine allzu große. Manche Unternehmen haben es vielleicht schon versucht, aber ihre Chance an einem bestimmten, gesättigten Markt verpasst. Denn ganz ehrlich: Wenn man spät dran ist, hat man kaum noch Einfluss auf die Marktposition oder die potenziellen Gewinne. Die Erträge sind also allenfalls gering und sind kein gutes Argument für ein weiteres Engagement. Und zugleich vergeht zu viel Zeit mit Analysen, Abwägungen der Vor- und Nachteile oder der Einschätzung möglicher Partner – und letztendlich tut sich gar nichts.

4. Die Technologiefalle
Damit sind wir wieder beim Bild vom kochenden Frosch: Bei der Hälfte der Banken liegen die Eigenkapitalrenditen unter den Eigenkapitalkosten, sie machen also Verlust. Und die Diskussionen dauern an. Die Cloud, Banking as a Service, Plattform-Modelle und der Wert von Partnerschaften mit Fintechs ... die Banken stecken mit den Worten von Deloitte in einer „umfassenden und verderblichen Technologiefalle".

Die Coronapandemie hat viele Probleme aufgeworfen und in vielen Bereichen zerstörerische Wirkung entfaltet. Aber sie hat auch viele Banken dazu gebracht, ihre Digital- und Cloud-Strategie beschleunigt voranzutreiben. Und die Branche hat in mancherlei Hinsicht die Welt – und vielleicht auch sich selbst – in Bezug auf das Tempo überrascht, das sie im Notfall vorlegen kann. Dennoch bleibt die Technologie, vor allem in einem so stark regulierten Umfeld, ein Problem.

Die Schnellsten sind vielleicht auch am besten vernetzt: Wie die Banken es richtig machen können

Das soll natürlich nicht heißen, dass alle Banken mit diesen Hürden zu kämpfen haben. Viele Unternehmen, mit denen ich zusammenarbeiten durfte, hatten bereits große Fortschritte vorzuweisen. Sie haben rasch begriffen, dass sie zur Kundenbindung ihre Services ausbauen und sich darauf konzentrieren müssen, was die Kunden wirklich brauchen – Stichwort Hauskauf.

Diese Unternehmen haben erkannt, dass Lösungen aus einem Guss für die Kunden zuweilen das Beste sind, auch wenn diese vielleicht nicht im eigenen Haus entstehen – denn das Wichtigste ist die Kundenakquisition und Kundenbindung. Angesichts des heutigen Innovationstempos, des Wettbewerbs um Fachkräfte und der komplexen technologischen Herausforderungen ist es unmöglich, alles, was der Kunde für sein Vorhaben braucht, aus eigenen Mitteln zusammenzustellen.

„Zeit ist für uns alle ein knappes Gut, und wir können es gar nicht leiden, wenn in der heutigen, zielgerichteten und immer auf die optimale nächste Aktion abgestimmten digitalen Welt eine Personalisierung fehlschlägt. Apps und Marktplätze mit ausgefeilten Algorithmen haben uns verwöhnt – wir wollen es bequem haben, und das mindert vor allem unsere Loyalität als Kunden."

Sehen wir es einmal so: Wenn ein Fintech Jahre damit zugebracht hat, eine hochmoderne, bewährte, KI-basierte Lösung etwa für Betrugserkennung, biometrische Technologie oder Szenariomodellierung zu entwickeln, ist es dann wirklich sinnvoll, zwei Jahre und viel Geld, möglicherweise Millionen, in eine eigene Entwicklung zu stecken? Oder lohnt es sich, das Produkt des Fintechs ohne größere Anstrengungen und innerhalb von Wochen oder allenfalls Monaten in das eigene Portfolio aufzunehmen? Wenn man nicht alle Produkte oder Kompetenzen anbieten kann, die ein Kunde gerade benötigt, besteht die schnellste und effektivste Möglichkeit häufig darin, ein Ökosystem aus einander ergänzenden Services zu schaffen und nahtlos zu integrieren. Für den Kunden entsteht so eine konsistente Kauferfahrung an allen Touchpoints.

Ralph Hamers, ein ehemaliger CEO von ING, hat diesen offenen Ansatz früh vorangetrieben. Er sagte bereits 2018: „Wenn man möchte, dass die Kunden wirklich Einfluss nehmen können, muss man ihnen das sinnvollste Angebot machen – auch wenn manche Produkte und Dienstleistungen nicht von einem selbst stammen." Das liest sich leicht – aber es bringt beträchtliche kulturelle und technologische Verschiebungen mit sich, die nicht so ohne Weiteres zu antizipieren sind. Viele andere Branchen haben dies bereits begriffen.

Kultur ist wichtiger als Strategie

Ein kultureller Wandel lässt sich nirgends im Hauruckverfahren durchziehen. Durch neue Technologien ist die Idee der „Offenheit" jedoch ganz klar zur Realität geworden, und dadurch entsteht und festigt sich eine neue Kultur. Man glaubt eben nur, was man sieht. Als Finastra im Jahr 2017 gegründet wurde, lautete unser Slogan: „The future of finance is open" („Offenheit ist die Zukunft des Finanzsektors"). Damals sorgte diese Prognose für Skepsis, heute dagegen erscheint sie nicht mehr so gewagt. Tatsächlich haben wir unseren Slogan kürzlich in „Finance is Open" geändert. Was wir damals als Zukunft empfanden, ist jetzt Wirklichkeit.

> *„Ein kultureller Wandel lässt sich nirgends im Hauruckverfahren durchziehen. Durch neue Technologien ist die Idee der ‚Offenheit' jedoch ganz klar zur Realität geworden, und dadurch entsteht und festigt sich eine neue Kultur."*

Open Finance, Open Technology, Open Platforms, offene Schnittstellen, offene Ökosysteme … Wir sind seit jeher der Überzeugung, dass wir gemeinsam besser und stärker werden können: mit unseren Vertriebs- und Umsetzungspartnern, mit unserem umfangreichen Fintech-Ökosystem sowie einer Entwickler-Community außerhalb unseres Hauses. Hinzu kommen Schulungsmöglichkeiten auf unserer Plattform, mit deren Unterstützung wir neue Kompetenzen wie etwa synthetische Datengenerierung entwickeln. So ermöglichen wir es Mikro-, kleinen und mittelständischen Unternehmen, auch ohne belastbare Kredithistorie Finanzierungen zu erhalten.

Wir bieten diesen Service nicht in allen Fällen selbst an. Dann agieren wir als Vermittler, bringen also Banken mit Fintechs zusammen, damit sie alle Elemente zusammentragen können, die für einen optimalen Service auf allen Etappen der Kundenreise benötigt werden. Mit Banking as a Service und kontextorientiertem Finanzieren kann unsere offene Plattform die Zusammenarbeit zwischen einer Kundenbank und dem Vertrieb fördern. Möglicherweise wird unsere Plattform Banken eines Tages ermöglichen, Kontakt mit anderen Softwareanbietern oder Fintechs aufzunehmen, auch wenn sie selbst unsere Software gar nicht nutzen. Vielleicht integrieren wir eines Tages sogar unsere Wettbewerber in unser Ökosystem.

Für Softwareanbieter, Dienstleister und Technologieanbieter sind wir insofern einer Bank sehr ähnlich. Wir bieten entscheidende Grundlagenservices an, wenn auch in Zukunft nicht mehr unbedingt unter unseren Marken.

Solange wir die Komponenten zusammenstellen, die unsere Kunden – die Banken – benötigen, um ihre Kunden auf allen Wegetappen zu begleiten, ist das auch in Ordnung.

ERIC DUFFAUT

Als President und Global Head of Customer Organization des Finanztechnologieunternehmens Finastra verantwortete Eric Duffaut bis Ende Oktober 2022 die gesamte Vermarktungsstrategie und -organisation, einschließlich Vertrieb, Service und Beratung, sowie das wachsende Partnerökosystem des Unternehmens. Der gebürtige Franzose blickt auf 30 Jahre Erfahrung im Technologiesektor zurück, wo er in den Bereichen globaler Vertrieb, Beratungsdienste, Marketing und Kundensupport unter anderem Topmanagement-Positionen bei Oracle und als Global President for SME & Partner Ecosystem bei SAP innehatte. Bevor er zu Finastra wechselte, war er Chief Customer Officer und Vorstandsmitglied bei der Software AG. Heute fungiert Duffaut als Mitglied des Aufsichtsrats für Accelya, einen Technologie-Dienstleister für die Airline- und Reisebranche mit Hauptsitz in Barcelona, sowie für den kanadischen Softwareentwickler Nakisa mit Hauptsitz in Montreal. Duffaut hegt eine große Leidenschaft für Musik – in den 80-ern spielte er sogar in einer Rockband – und lebt heute mit seiner Familie in seiner Heimatstadt Bordeaux.

„Geh einfach mal – so eine Weiterempfehlung ist durch nichts zu ersetzen“

Samsungs Deutschland-Chef für Mobile Experience, Olaf May, über den Wert emotionaler Kundenbindung, hardwarebasierte Erlebniswelten und die Bedeutung permanenten Lernens für die Leistungsfähigkeit des Vertriebs.

zu Samsung!‘

Herr May, das Stichwort „Emotional Selling“ ist in aller Munde. Wie stehen Sie zu dem Credo „Die Kunden kaufen kein Produkt, sie kaufen ein Gefühl“?

Das deckt sich absolut mit unserer Erfahrung. Und es hat Auswirkungen auf unser gesamtes Ökosystem: Wir haben natürlich Interesse daran, den Kunden aufzuzeigen, was sie mit ihren Smartphones zusätzlich machen könnten, wenn zu ihrem Haushalt auch noch ein Fernseher, ein Kühlschrank oder eine Waschmaschine von Samsung zählt. Denn je mehr Samsung-Produkte sie haben und je emotionaler sie durch positive Erlebnisse an das Unternehmen gebunden sind, desto intensiver können wir sie mit unserer Markenwelt begeistern – das legt allerdings auch die Messlatte für uns höher.

Inwiefern ist es leichter, in den Samsung-Flagship-Stores, wie etwa im Berliner KaDeWe, mit den Produkten auch gleichzeitig Emotionen zu verkaufen, als im Online-Vertrieb?

Wir haben im Store die Möglichkeit, ein haptisches Erlebnis anzubieten, die komplette Farbauswahl zu präsentieren und die Kunden, seien sie weiblich, männlich oder divers, ganz anders abzuholen, als uns das online möglich ist. Denken wir nur an die Größe und das Gewicht eines Handys – online sehen die Kunden lediglich eine Grammzahl und Millimeterangaben zu Höhe, Breite, Tiefe. Das Topargument im Store sind aber unsere Mitarbeitenden, die die Sales Promotion verantworten – unsere Kundenberaterinnen und -berater. Sie können jede Frage beantworten und kennen nicht nur die Produkt-Features, sondern informieren auch über Services und Garantien. Das geht im Store viel verbindlicher und vertrauensbildender als in einem Abbindertext.

Inwieweit spielt auch eine Rolle, dass Ihre Mitarbeiter im Store den Kunden ganz anders rezipieren können – mit all ihren Sinnen und auch all jenen ihres Gegenübers –, also fort von Standards, hin zu einem individuellen, persönlichen „Ich bin für dich da“?

Das spielt eine große Rolle. Konzeptionell sollen die Besucher im Store die Gelegenheit haben, unsere aktuellen Produkte aus den Bereichen Mobile, TV/AV oder Home Appliances selbst zu erleben. Sie sollen haptisch erfahren, wie die Geräte miteinander vernetzt sind und miteinander interagieren. Damit bekommen die Besucher eine Vorstellung davon, wie der eigene Alltag im Samsung-Ökosystem aussehen könnte.

Wie können wir uns diese haptische Erfahrung für Ihre Store-Besucher vorstellen?

Wir haben beispielsweise zwischen den ausliegenden Geräten auf der Verkaufsfläche Displays mit sogenannten Retail-Modes positioniert. Wenn mal keine Mitarbeiter sofort verfügbar sind, erkennen die Geräte über eine kleine Kamera bereits, ob es sich um einen Mann oder eine Frau handelt und wie alt die Person ungefähr ist. Sie erfassen: Wofür interessieren sich die Kunden? Welche Produktdetails werden genauer betrachtet, welche Funktionen ausprobiert?

Sobald jemand eine Funktion etwa an einem Mobilfunkgerät testet, werden parallel auf dem Display der Auslage die passenden Detailinformationen angezeigt. Wenn unsere Mitarbeiter dann für eine individuelle Beratung mit den Kunden ins Gespräch kommen, wissen sie als Experten schon viel über deren Interessen und vor allem, auf welchem Kenntnisstand sie in die Unterhaltung einsteigen können.

Wie nutzen Sie diese Informationen noch?

Das Wissen über unsere jeweiligen Zielgruppen, ihre individuelle Kundenreise, ihre Interessen und Vorlieben sammeln wir nicht nur in den Stores, sondern auch auf unserer Website oder über Social Media. Die Erkenntnisse aus allen analogen und digitalen Touchpoints – auch aus denen unseres Partnernetzwerks – führen wir fortlaufend zusammen und werten diese im Team jeden Monat neu aus. So können wir Interessenschwerpunkte, Vorlieben oder eventuell auftretende Störfaktoren in der Bedienung eines Geräts klaren Zielgruppen zuordnen und diese Erkenntnisse wiederum online an unsere Produktentwicklung und in unser Innovationsteam zurückspielen.

Generell jedoch können wir die Lücke bei den Möglichkeiten der Produktpräsentation zwischen Store und Online nur schließen, indem wir die Interaktion mit unseren Kunden an sämtlichen Touchpoints intensivieren. Das heißt, dass wir nicht nur sicherstellen, dass das Produkt am Point of Sale erlebbar ist, sondern auch gewährleisten, dass das Personal so geschult ist, dass jeder im Team das semantische Netz aufbauen kann.

„Die Erkenntnisse aus allen analogen und digitalen Touchpoints – auch aus denen unseres Partnernetzwerks – führen wir fortlaufend zusammen und werten diese im Team jeden Monat neu aus."

Das bedeutet in Ihrem Fall?

Dass alle auf der Fläche in der Lage sind, sinnvolle Verknüpfungen zwischen den Informationen herzustellen, die uns Kunden über sich selbst anbieten, und daraus Empfehlungen abzuleiten. Dafür ist es ausschlaggebend, dass unsere Kundenberater erkennen, ob sie mit einem Kunden außer über ein Samsung Smartphone auch noch über ein Samsung-Tablet oder eine Samsung-Smartwatch sprechen sollten.

Wie sorgen Sie dafür, dass Samsung-Mobiltelefone in den Shops der Netzbetreiber mit der gleichen Leidenschaft und Expertise präsentiert und verkauft werden wie in Ihren eigenen Stores?

Wann immer wir ein neues Produkt einführen, sprechen wir im Detail mit den Teams unserer Partner, wie beispielsweise der Telekom, in deren Coachings wir eng eingebunden sind. Wir geben teilweise sogar vor, wie oft unsere Partner ihre Mitarbeiter auf einzelne Samsung-Produkte schulen müssen. Damit verfolgen wir den Zweck, dass am Point of Sale nicht einfach nur Datenblätter abgelesen werden, sondern die Kundenberater zunächst aufmerksam zuhören und dann individuell passende Empfehlungen aussprechen, die den Mehrwert und die Emotionen vermitteln, die Kunden mit einem neuen Produkt verbinden.

Und das funktioniert ausschließlich über Coachings?

Wir verfolgen auch den Ansatz „Use what you sell" – das heißt unsere Kundenberater bekommen von uns für ein Jahr ein Smartphone zur persönlichen Nutzung, sie können über zusätzliche Gamification mit dem Endgerät an Gewinnspielen teilnehmen und bekommen auf diesem Wege kleine Anreize geboten. Klar ist: Mit gelernten Standards, klassischem Point-of-Sale-Material und der Einbindung unserer Produkte in die Flyer der Telekom oder eines anderen Anbieters verändern wir die Welt nicht mehr.

Ihr Partnernetzwerk umfasst eine Reihe von unterschiedlichen Anbietern, wie die Telekom, Vodafone und 1&1. Wie gewährleisten Sie ein enges Passspiel, damit die individuelle Customer Journey Ihrer Kunden keine Brüche erfährt?

Die Zusammenarbeit zum Vorteil unserer Kunden zu gestalten ist ein wesentlicher Erfolgsfaktor. Nur durch einen regelmäßigen Austausch untereinander können wir das Angebot – aufseiten des Produkts wie aufseiten der Dienstleistungen – konsequent verbessern. Wenn Innovationen oder, um ein aktuelles Beispiel zu nennen, die neuen Leistungsumfänge unseres gerade gelaunchten Smartphones mit dem aktuellen Mobilfunkvertrag des Kunden nicht ausgeschöpft werden können, tun wir als Team aus Hersteller und Provider den Kunden ja keinen Gefallen. Deshalb geht es bei unserem engen Daten- und Informationsaustausch immer darum, den Kundenvorteil als obersten Zweck zu verstehen.

Wie halten Sie die Zusammenarbeit mit den verschiedensten Carriern gleichermaßen vertrauensvoll, loyal, transparent? Was sind die wichtigsten Anker dieser Partnerschaften?

Das gemeinsame Credo „Der Endkunde ist Dreh- und Angelpunkt – bei allem, was wir tun". Es geht um einen vertrauensvollen Schulterschluss und einem Verständnis von zwei Dingen: Nicht der individuelle Erfolg von uns oder einem der Partner macht das Kundenverhältnis nachhaltig und wertschöpfend für alle, sondern der Vorteil und Nutzwert unseres gemeinsamen Angebots, den die Kunden daraus ziehen können. Und der zweite Punkt betrifft das gemeinsame Verständnis der Customer Journey: Deren Ziel ist nicht der Erwerb eines neuen Kühlschranks, Smartphones oder Backofens – sondern die Kundenzufriedenheit über die Gesamtnutzungsdauer des Gerätes hinweg. Wenn ich die Customer Journey aber nicht nahtlos abbilde und sie bis dahin nicht bei jedem sich bietenden Kontakt – so fachkundig wie emotional – begleite, nehmen die Kunden von meiner Produktinnovation und dem Launch eines neuen Mobiltelefons womöglich gar keine Kenntnis mehr.

Wie sehr Samsung im B2C-Bereich schon auf Emotionen setzt, zeigte unlängst das kleine Werbevideo einer Liebesgeschichte zwischen der Spinne „Sam" und einem Galaxy S22 Ultra. Was bedeutet Kundenliebe bei Samsung und wie wird sie im Unternehmen gelebt?

Ich würde sagen, auch wenn die Kunden bei Samsung immer an erster Stelle stehen, geht Kundenliebe noch ein Stück weiter. Das fängt mit unserer Produktentwicklung an. Wir setzen auf ein großes Research- & Development-Team, das alles unternimmt, immer wieder aufs Neue zu verstehen, was Kunden brauchen, um ihre Tagesabläufe, ihr Leben effizienter zu gestalten. Denn auf den individuellen Erfahrungen und Erlebnissen mit unseren Devices basiert die Weiterempfehlung der Kunden. So setzen wir bei Samsung inzwischen alles daran, unsere Kunden emotional zu binden und damit im Idealfall zu Botschaftern unserer Marke zu machen. Die Wirkung können wir mit klassischer Werbung nie erreichen.

Ich möchte ein praktisches Beispiel hierfür geben: Nehmen wir an, jemand hat bei einem Servicefall mit seinem Produkt die Erfahrung gemacht, zunächst in der Endlos-Warteschleife des Herstellers zu landen und dann sein Produkt erst nach vier Wochen zurückzuerhalten. Von uns wird angeboten, dass ein Servicemitarbeiter nach Hause oder ins Büro kommt – und zwar zeitnah – um das Produkt zu reparieren. Solche „Wow-Erlebnisse" brauchen Kunden gerade in der Not. Und wie nachhaltig sie dann wirken, ist für uns unbezahlbar. Derartige Erfahrungen mit einer Marke oder einem Produkt können kaufentscheidend sein für die nächste Generation unserer Geräte.

„Wir bei Samsung setzen inzwischen alles daran, unsere Kunden emotional zu binden und damit im Idealfall zu Botschaftern unserer Marke zu machen. Die Wirkung können wir mit klassischer Werbung nie erreichen."

Ihr Research- & Development-Team haben Sie gerade angesprochen – inwieweit muss auch der Vertrieb eine solche Transformation durchlaufen, um Kundenliebe glaubhaft zu leben und zu vermitteln? Wo muss dieser Prozess ansetzen?

Wir haben unseren Vertrieb in den vergangenen Jahren neu aufgestellt. Ehrlicherweise war es lange Jahre so, dass Hardware in den Markt „geschoben" wurde. Heute – mit rund 25 Millionen aktiven Samsung-Geräten im deutschen Markt – messen wir Erfolg anders: Wir müssen den Kunden nicht permanent etwas Neues verkaufen. Erfolg ist für uns unter anderem, wenn es gelingt, dass Kunden bei Samsung bleiben.

Unser Vorteil ist: Mit unserer Produktfamilie können wir glaubhaft aufzeigen, dass, wenn Kunden in die Samsung-Welt eintauchen, sich ihnen eine neue Erlebnisdimension eröffnet. Und das geben wir auch unseren Vertriebsleuten mit: Es geht nicht nur um ein Produkt-Feature-Set, sondern darum, dass mittlerweile die Vorteile eines Lebens und Arbeitens in der Samsung-Welt mitverkauft werden müssen. Früher hatte man mit dem Verkauf eines Produkts einen einzigen Touchpoint und den nächsten erst, wenn man zwei, drei Jahre später ein Folgeprodukt verkauft hat. Heute nutzt man dafür smarte Kundenansprachen, um den Kunden weitere Vorteile aus der vernetzten Samsung-Welt aufzuzeigen.

„Wir müssen den Kunden nicht permanent etwas Neues verkaufen. Erfolg ist für uns unter anderem, wenn es gelingt, dass Kunden bei Samsung bleiben."

Wie wichtig sind digitale Tools für eine smarte Kundenansprache?

Sehr wichtig! Dank digitaler Intelligenz weiß unsere Marketingabteilung, welche Produkte bei welchen Kunden im Einsatz sind. Und sofern wir die Möglichkeit haben, diese Kunden selbst oder über einen Anbieter anzusprechen, versuchen wir, permanent mit ihnen im Austausch zu bleiben. Um dabei aber zu viele Kontakte zu vermeiden, schauen wir gemeinsam mit den Partnern nach technischen Leistungsdaten und Serviceumfängen, die der Kunde zwar erworben hat, aber gegebenenfalls gar nicht ausschöpft. So sehen unsere Provider, wo sich eventuell Einsparmöglichkeiten für die Kunden ergeben. Diese „guten Gründe" für eine Kontaktaufnahme zu identifizieren und für unsere Partner aufzubereiten, liegt bei uns in der Verantwortung des Marketings. Die Aufgabe, alle Informationen zu matchen, obliegt der Pflege von Customer Relations. Und diese – wenn sie zum Wohle und Vorteil der Kunden ausgerichtet ist – kann nur unternehmensübergreifend in engem Schulterschluss mit den Partnern erfolgen.

Das heißt aber, Sie nutzen und optimieren die Customer Journey auch dafür, aus den Informationen, die Ihnen die Kunden geben, mehr Wissen zu generieren – um rechtzeitig zu sehen, an welcher Stelle Sie den Kunden ein nächstes Mal angenehm überraschen können?

Absolut. Genau darum geht es. Überraschende Erlebnisse herbeizuführen, auch außerhalb des originären Gebrauchs eines unserer Produkte. So schaffen wir es, dass die Anbieter über alle analogen und digitalen Touchpoints hinweg vor allem weitreichendes Vertrauen vermitteln – zum Beispiel dahingehend, dass mir als Kunde bei Samsung dabei geholfen wird, die für mich beste Lösung zu finden. Auch das ist wieder eine Frage des kanalübergreifenden Abgleichs von Informationen über Nutzerverhalten, vorrangige Interessen oder einen besonderen Kundenfokus. Denn Congstar- oder 1&1-Kunden geben unseren Vertriebspartnern ganz andere Informationen als die Kunden von Telekom oder Vodafone. So bekommen wir überhaupt erst über die Vielfalt unserer Partner Einsicht in das breite Spektrum der Zielgruppen und ihrer Präferenzen. Anders gesagt: Je offener wir uns an unseren Unternehmensgrenzen für Partnerschaften zeigen, desto zielführender und ganzheitlicher können wir die Wünsche der Kunden erkennen. Dann können wir gleich im ersten Schritt ein gemeinsames Paket so schnüren, dass die Kunden maximalen Nutzen daraus ziehen und im zweiten Schritt neue Erkenntnisse in unsere Produktentwicklung einfließen lassen.

Wie genau funktioniert Ihr Früherkennungssystem, mit dem Sie die Bedürfnisse und Anliegen der Kunden evaluieren?

Diesbezüglich ist unser Social Listening Tool heute schon extrem hilfreich. Den Kunden einfach mal aufmerksam zuzuhören, liefert uns oft viel mehr und brauchbarere Erkenntnisse als der Einsatz von KI allein. Und zwar nicht nur das Zuhören, wenn Nutzer mit uns sprechen, sondern auch wie und was sie in den sozialen Netzwerken untereinander besprechen. Über uns und unsere Partner – deren Services und unsere Produkte.

Zudem ist – was ich persönlich gutheiße – der Einsatz von Künstlicher Intelligenz (KI) zu diesem Zweck unter dem deutschen Datenschutz nur relativ eingeschränkt möglich. Abgesehen davon kann KI uns natürlich schon über bestimmte Kundengruppen Aufschluss geben. Aber auch da können falsche Schlüsse gezogen werden, wenn es etwa darum geht, einzuschätzen, ob gezielte Werbung beim Erreichen einer bestimmten Gruppe unterstützen kann.

„Den Kunden einfach mal aufmerksam zuzuhören, liefert uns oft viel mehr und brauchbarere Erkenntnisse als der Einsatz von KI allein."

Können Sie ein Beispiel nennen?

Wir haben mal als Technologiepartner mit dem Deutschen Fußball-Bund zusammengearbeitet und hatten die Idee, über eine unserer Nationalmannschaften die Generation Young, Fresh & Colourful zu erreichen. Der Benefit war praktisch null.

Was lernen Sie daraus?

Wir analysieren den Flop – übrigens auch im offenen Austausch mit Partnern, deren Zusammenarbeit kontextual mit Fußball oder einem bestimmten Team sehr erfolgreich ist. Und dann ziehen wir unsere Schlüsse.

Kommen wir auf das Thema Omnichannel zu sprechen: Wie sieht Ihr Ansatz konkret aus? Mit welchen Teams oder mit welchem Mix von Mitarbeitern und Qualifikationen haben Sie ihn besetzt? Und welche Rolle spielen Trends wie etwa Social Selling dabei?

Wir sind davon abgekommen, mit den Main Influencern, also den sogenannten „most important persons on earth", zusammenzuarbeiten. Stattdessen setzen wir auf einen Mix von Influencern unterschiedlicher Größe, weil diese jedes einzelne Segment unserer Produkte viel gezielter ansprechen können. Von Premium bis Classic – in jeder Sparte muss eine andere Ansprache erfolgen. Dazu identifizieren wir etwa in der „Generation Net" Key Player wie Vanessa Mai, die unter Jugendlichen große Aufmerksamkeit bekommen und die bei uns im Team Galaxy als Markenbotschafter und Influencer oder beim Product Placement eingesetzt werden.

Ein echter Omnichannel-Ansatz ist bei uns praktisch kaum vorhanden. Das ist eine Klaviatur, die unsere Partner wie die Telekom, Mediamarkt und andere ganz anders spielen können. Kunden, die online ein Produkt kaufen, können es im Store abholen, und wenn das CRM-System vom jeweiligen Partner richtig aufgesetzt ist, fängt dann das Up- und Cross-Selling an. Wir sind mit unseren Partnern tagtäglich im Austausch, um sicherzustellen, dass die Mitarbeiter am Point of Sale entsprechend geschult sind.

Woran bemisst sich aus Ihrer Sicht die Leistungsfähigkeit einer Sales-Mannschaft und wie motivieren Sie Ihre Teams?

Vorab – die Zeit der Individualsieger irgendwelcher Verkaufswettbewerbe, in der die Kollegen am Ende sogar gegeneinander arbeiten, ist vorbei.

Leistungsfähigkeit ist vor allem das Ergebnis von Teamplay. So werden unsere Mitarbeiterinnen und Mitarbeiter in puncto Digitalisierung regelmäßig zu neuesten Entwicklungen geschult. Darüber hinaus muss sichergestellt sein, dass Kunden bei einem ersten Besuch auf unserer Webseite anders angesprochen werden, als wenn bereits Kontakt bestanden hat, gegebenenfalls eine Registrierung erfolgt ist. Das heißt, bei allen Kunden muss an den individuellen Status quo der Beziehung angeknüpft werden. Wir schulen unsere Mitarbeiter – ob sie aus dem Marketing, dem Produktmanagement oder dem Vertrieb kommen – nahezu auf alles. Für diese Schulungen – wir nennen das Digital Education – können wir alle rund 700 Mitarbeiter in Deutschland virtuell versammeln, um zum Beispiel Best Cases aus den Feedbacks unserer unterschiedlichen Kanäle zu Endkunden und Partnern zu teilen und zu hinterfragen: Warum hat etwas wo oder bei wem besonders gut funktioniert? Was können wir daraus lernen? Das kann auch eine Werbekampagne oder eine neue Strategie von einem unserer Partner sein.

Aber wir teilen auch Misserfolge. Es ist sehr wichtig, nicht nur gemeinsam Erfolge zu feiern, sondern auch gemeinsam zu 100 Prozent zu verstehen, warum etwas nicht funktioniert hat, und aus diesen Fehlern dann zu lernen.

Was können Technik- beziehungsweise Hardware-Anbieter vom Service anderer Unternehmen und Branchen lernen – zum Beispiel in puncto Customer Journey Management? Samsung betreibt ja sogar eine eigene Hotel-Gruppe.

Mir ist nicht bekannt, dass wir Learnings aus der einen Welt – Hospitality zum Beispiel – in die hardwaregestützte Welt der Mobiltelefonie beziehungsweise in unseren Samsung Electronics-Bereich übernommen haben.

Wenn in unserem B2B-Geschäft – also etwa in der Lieferanten-Kunden-Beziehung zu Organisationen wie der Bundeswehr oder dem Bundesnachrichtendienst (BND) – der Sicherheitsaspekt ganz vorne steht, lernen wir daraus, wie B2B-Kunden mit unseren

Geräten arbeiten, und können einen Großteil dieser Learnings aus dem Security-Bereich für uns im B2C-Bereich nutzbar machen.

Werfen wir einen Blick in die Zukunft: Mit dem Metaverse kündigt sich ein neuer Tech-Trend an. Inwieweit wird diese nächste Stufe der virtuellen Erlebniswelt auch den Mobiltelefonvertrieb und die Ansprüche an Ihre Sales- und Servicekollegen in eine andere Dimension führen?

Um ehrlich zu sein, wir erleben ja gerade nicht den ersten Versuch, ein Metaverse zum Laufen zu bringen. Wir beobachten die Entwicklung seit den Anfängen des „Second Life" vor beinahe 20 Jahren sehr genau. Grundsätzlich sehen wir, dass in der virtuellen Welt Produkte noch tiefer hinterfragt und nähergebracht werden können, als das heute für Kunden üblich ist. Natürlich könnten auch wir unsere Mobiltelefone im Metaverse zu irrwitzigen Preisen als Geldanlage verkaufen, wie Hersteller von Bekleidungsartikeln, Handtaschen und Co. das schon tun. Aber unsere Marke ist nicht auf High Luxury ausgelegt, sondern unsere Produkte müssen als Gebrauchsgegenstand tatsächlich funktionieren und benutzbar sein.

OLAF MAY

Bei Samsung Electronics ist Olaf May (51) seit Dezember 2021 Corporate Vice President für Mobile Experience (MX). Damit steht er auch in der Verantwortung, die Kunden des größten Elektronikkonzerns der Welt nicht „nur" mit einer bestimmten Produktlinie zu begeistern, sondern mit einer konsistenten Markenwelt, die von Smartphones, Wearables, Tablets und Notebooks über Haushaltsgeräte bis zu TV-/AV-Geräten reicht. Wenn Kunden jeden Tag „Samsung zum Weitersagen gut" finden, bezieht er daraus sofort neuen Ansporn. „Denn das setzt unsere Messlatte jeden Tag ein bisschen höher." Solche Herausforderungen nimmt der Topmanager auch privat gern an – in erster Linie als vierfacher Vater sowie beim Golfspielen und Biken. Erste Managementerfahrungen sammelte Olaf May nach seinem kaufmännischen Studium bei Motorola, bevor er zum Elektronikhersteller ProBarcode wechselte. Vor seinem Einstieg bei Samsung arbeitete er bis 2014 – zuletzt als CEO beim Computerhersteller ToughShield in London. Seit Januar 2019 ist Olaf May Präsidiumsmitglied des Bitkom.

„Wie wir unsere Geschäftskunden zu Fans machen und uns vom Wettbewerb abheben“

12 Antworten von …

Hagen Rickmann, Geschäftsführer Geschäftskunden Telekom Deutschland

Ich bin Fan von …

… digitalen Lösungen, die die Welt verbessern, uns effizienter und fit für die Zukunft machen.

Das schönste private Kundenerlebnis hatte ich zuletzt bei …

… Carglass mit einer perfekten Kundenerfahrung beim Wechsel einer Scheibe – vom Erstkontakt bis zur Abholung des Autos. Das nenne ich Ende-zu-Ende-Kundenbetreuung.

Wir als Telekom lieben unsere Kunden, weil ...

... sie uns vertrauen, gute Performance wertschätzen und sich auf uns verlassen.

Der Unterschied zwischen Privat- und Geschäftskunden ist, dass ...

... unsere Lösungen bei Geschäftskunden die Basis für ihr eigenes Geschäft sind. Wir tragen also eine hohe Verantwortung und müssen gerade hier hochverlässlich sein.

Unsere Kunden machen wir zu Fans, indem wir ...

... Digitalisierung einfach machen und uns kontinuierlich weiterentwickeln, um ein perfektes Kundenerlebnis zu erzeugen.

Begeisterte Kunden sind die besten Verkäufer, weil ...

... sie in der Praxis bereits bewiesen haben, was mithilfe digitaler Lösungen möglich ist. Gerade im B2B-Geschäft setzen wir viel auf Referenzkunden-marketing.

Das macht uns im Markt so schnell keiner nach:

Die zahlreichen Awards und Auszeichnungen, die wir für unsere gute Qualität in Netz und Service erhalten haben. Und den Anspruch, trotzdem noch besser zu werden.

Besser werden wollen wir noch an dieser Stelle:

Wir möchten schneller agieren und noch mehr Innovationen in Sachen Digitalisierung in den Markt und an unsere Kunden bringen.

Der wichtigste KPI ist für uns ...

... die Kundenzufriedenheit.

Unser Hero-Produkt ist zurzeit ...

... Microsoft Teams X.

Das sollen unsere Kunden idealerweise über uns sagen:

Auf die Telekom ist Verlass. Sie hat immer die Bedürfnisse des Kunden im Blick und berät uns auf Augenhöhe. Als Ende-zu-Ende-Digitalisierungs-berater macht sie unser Geschäft fit für die Zukunft.

Als Geschäftsführer bin ich erst zufrieden, wenn ...

... wir die Digitalisierung in Deutschland und insbesondere im deutschen Mittelstand gemeinsam mit unseren Kunden nach vorne treiben. Der Maßstab: Zurück in die Top 10 im europäischen Vergleich. Aktuell stehen wir auf Platz 13. Das kann nicht unser Anspruch sein. Die Vision: das Treppchen.

Alle 11 Minuten verliebt sich ein Kunde (nicht💔)

Ein erfolgreicher Vertrieb konzentriert sich auf die Grundlagen der Kommunikation und des gesunden Beziehungsaufbaus, ist Pritu Detemple überzeugt. Der studierte Philosoph, Unternehmer und Sales-Experte setzt dabei nicht auf einzelne Starverkäufer, sondern plädiert für den Einsatz von agilen Vertriebsteams, die mit Kunden auf Augenhöhe agieren.

„Naja, wenigstens ist er nicht zu spät, so wie der vorige“, dachte sie und nippte an ihrem Rotwein. Sie blickte sich im vollen Restaurant um und musste über diesen Gedanken schmunzeln. So gering waren also ihre Ansprüche. Er hängte seine Jacke über den Stuhl, setzte sich aber nicht.

„Kennst du mein Leistungsspektrum?“, begann er das Gespräch.

„Bitte? Was meinst du?“, fragte sie verwundert.

„Na, was ich zu bieten hab'. Ich kann so einiges! Willst du es sehen?“

„Musst du dafür etwas ausziehen?“

„Nein, dazu kommen wir später. Aber hier – schau' mal!“

Er schob ihr einen aufgeklappten Laptop über den Tisch.„Das ist Chat, mein persönlicher Bot. Er weiß alles über mich. Klick' dich durch und lern' mich kennen. Die meisten sind in fünf Minuten überzeugt. Garantiert! Mich persönlich musst du jetzt leider entschuldigen. Da wartet noch jemand auf mich am nächsten Tisch. Sie ist ebenfalls interessiert. Wenn du fertig bist, einfach liegen lassen. Du bekommst morgen eine automatisierte Mail. Um 08:58 Uhr. Jetzt muss ich los, bin schon spät dran.“

Ein Date mit einem solchen Anfang hätte ganz sicher wenig Chancen auf Erfolg, oder? Aber diese Situation ist nicht so sehr an den Haaren herbeigezogen, wie man annehmen könnte. Im Business-to-Business-Bereich sehe ich dieses Szenario als Vertriebsberater jeden Tag.

Früher war es der aalglatte, in Gel getunkte, meist männliche Einzelkämpfer, der mit der Methode „Anhauen – Umhauen – Abhauen" versuchte, noch dem letzten Eisbären einen Kühlschrank zu verkaufen. Heute übernehmen dies Programme und Algorithmen, die, richtig eingesetzt, natürlich eine Hilfe darstellen könnten. Leider wird mit ihnen lediglich der oben anekdotisch eingeführte Typ des umsatzgetriebenen Vertrieblers digitalisiert: automatisierte Sales Funnels, standardisierte E-Mails, belangloses Social Media und randomisierte Chatbots. All das bringt den B2B-Vertrieb nur vom Regen in die Traufe. Denn es ändern sich zwar Kanäle und Medien, die mangelhafte Kommunikation aber bleibt bestehen.

Dabei wäre der Vertrieb erfolgreicher, wenn wir uns wieder auf die Grundlagen des gesunden Beziehungsaufbaus konzentrieren würden! Denn private Liebesbeziehungen ähneln dem geschäftlichen Verhältnis mit dem Lieblingskunden sehr: Auch in vertrieblichen Prozessen im B2B-Bereich handelt es sich immer um die Kommunikation und Beziehungsentwicklung zwischen Menschen.

Das erste Element: Finden

Wie haben wir unsere Partner und Freunde gefunden? Man könnte sagen: kalt. Denn alle zwischenmenschlichen Kontakte, mit Ausnahme unseres engsten Familienkreises, sind durch Eigeninitiative oder die des Gegenübers entstanden. Im Vertrieb nennt man das „Kaltakquise". Bei diesem Wort geht für viele Menschen sofort der Rollladen runter und der Puls hoch. Dabei sehen wir doch gerade in unserem privaten Umfeld, wie wertvoll spontane Kontakte sind, vorausgesetzt, man findet gemeinsame Werte. Und da liegt der Hase im Pfeffer: „Hallo Frau Müller, wir sind seit 105 Jahren Marktführer im Bereich industrieller Saugpömpel. Wir sind günstiger, schneller und besser als Ihr bisheriger Partner. Darf ich Ihnen unser Auftragsformular schicken?"

So wird das nichts! Wir alle kennen diese Art von Gesprächen. Und sind genervt von ihnen. Warum? Weil es in ihnen nie um uns oder unsere Bedürfnisse geht, sondern nur um die Verkaufsabsicht. Die vertriebliche Praxis sieht leider oft so aus, dass Listen mit 08/15-Anmachsprüchen abtelefoniert oder generische Nachrichten über LinkedIn, E-Mail und Messenger-Dienste verschickt werden, ohne dass prospektive Kunden überhaupt Interesse bekundet hätten.

Selbst wenn Kunden die Initiative ergreifen und sich für ein Produkt interessieren, werden sie von Verkäufern gern mit standardisiertem und unspezifischem Infomaterial überschüttet, ganz nach dem Gießkannenprinzip – irgendein Tröpfchen wird schon treffen.

Erfolgreiche B2B-VerkäuferInnen und -Verkäufer versuchen dagegen, „Schmetterlinge im Bauch" hervorzurufen – um bei unserer Metapher vom Dating zu bleiben. Sie sind mutig und trauen sich, ihre Stimme einzusetzen. Sie sprechen Kunden an und wollen angesprochen werden. Sie scheuen nicht die Gefahr, ein „Nein" zu kassieren –, sie akzeptieren dieses „Nein" sogar. Denn es drückt ehrlich aus, dass wirklich kein Bedarf besteht. Und das darf man seinem Gegenüber ruhig glauben. Nicht zu verkaufen ist ein legitimer Ausgang des Verkaufsgesprächs. In diesem Fall steht eine Verkäuferin oder ein Verkäufer eben nicht seinem zukünftigen Kunden gegenüber. Denn es geht um nichts Geringeres als den zukünftigen Lieblingskunden.

Das zweite Element: Kennenlernen

Es gab mal den Fernsehwerbespot einer Bank: Zwei Bekannte treffen sich nach langer Zeit wieder. Einer der beiden legt drei Fotos hin: mein Haus, mein Auto, mein Boot. Die andere Person toppt das natürlich, denn „wenn's um Geld geht ..."

Der Spot funktionierte. Der Aufbau von Beziehungen nicht. Denn wenn etwas eine Partnerschaft schon von Beginn an gefährdet, dann sind es Konkurrenzdenken und Triumphstreben.

Der springende Punkt im obigen Beispiel ist die Selbstdarstellung, die Präsentation der „Verkaufsargumente". Auf das Kaltakquisegespräch folgt im besten Fall ein zweites Gespräch zwischen Kunden und Vertriebler. Darin sollte es eigentlich ums Kennenlernen des Kunden und seiner Bedürfnisse gehen. Doch die meisten Vertriebler informieren hier bereits über das Produkt und sich selbst und präsentieren auf 140 Folien, warum das eigene Unternehmen die vermeintlich beste Wahl ist.

Augenhöhe zwischen Individuen wird auf diese Weise nicht hergestellt. Vielmehr geht bei dieser Vorgehensweise der Verkäufer davon aus, dass eine Interessentin weniger kompetent ist als der Verkäufer selbst. Es wirkt vielleicht arrogant, zieht man das Stichwort vom „informierten Kunden" heran. Wer will schon mit so jemandem an einem Tisch sitzen?

Ich glaube, es leuchtet unmittelbar ein, dass man durch Vortragen, Präsentieren und Referieren weniger über sein Gegenüber herausfindet als durch aufmerksames und aktives Zuhören und Nachhaken. Gute Beziehungen entwickeln sich vor allem dann, wenn man aufrichtiges Interesse am Gegenüber an den Tag legt, nicht wenn der zentrale Punkt die eigene Selbstprofilierung ist. Überlegen Sie mal: Sind Sie heute mit Ihrem Partner oder Ihrer Partnerin zusammen, weil sie oder er Sie damals bei den ersten Dates zu Tode gequatscht hat? Sicherlich nicht!

Im B2B ist nicht das Produkt die Lösung, sondern die Zusammenarbeit. So hat beispielsweise Jeff Bezos in seinem Unternehmen Amazon alle Powerpoint-Präsentationen verboten. Denn das zwingt Menschen, sich beim Kommunizieren Mühe zu geben. Ansonsten wird es beim ersten Date bleiben.

> „Überlegen Sie mal: Sind Sie heute mit Ihrem Partner oder Ihrer Partnerin zusammen, weil sie oder er Sie damals bei den ersten Dates zu Tode gequatscht hat? Sicherlich nicht!"

Das dritte Element: Aufbau

Diese Phase ist durch Kämpfe gekennzeichnet. Standen beim Finden und Kennenlernen die Gemeinsamkeiten im Vordergrund, machen sich nun die Eigenheiten und unterschiedlichen Wünsche bemerkbar, die mitunter schwer zu harmonisieren und zu akzeptieren sind. Ich nenne diesen Schritt gerne das „Tal des Todes", weil an diesem Punkt die meisten Beziehungen – im B2B die meisten Verkaufsprozesse – zu scheitern drohen. Partner versuchen einander zu erziehen und zu verändern und sich gegenseitig von vermeintlich besseren Lösungen zu überzeugen. Verhandelt wird auf persönlicher, selten auf sachlicher Ebene. Auf ein „Das haben wir schon immer so gemacht", trifft gern ein „Dann mach weiter so, ist dann halt Mist." Der Kompass zum Durchwandern des „Tal des Todes" nennt sich Vertrauen.

„Auf ein ‚Das haben wir schon immer so gemacht' trifft gern ein ‚Dann mach weiter so, ist dann halt Mist'."

Viele Verkäufer sind der Meinung, dass sich Vertrauen im B2B dadurch aufbauen lässt, dass man versucht, die Erwartungen des Kunden zu übertreffen. Hier ein Geschenk, da ein Rabatt. Dabei zeigt die moderne Psychologie, dass Vertrauen nur dann gelingt, wenn mindestens zwei wichtige Voraussetzungen erfüllt sind: Präsenz und das Vermeiden von Schaden.

Präsenz bedeutet, dass ein Interessent oder Kunde unmittelbaren Kontakt zu seiner Ansprechperson hat. Nicht über eine zwischengeschaltete Hotline oder indirekte Kommunikationsmittel wie E-Mail und Support-Ticket-Systeme. Direkt. In Echtzeit. Also face-to-face oder zumindest per Stimme, sprich: telefonisch. Gleichzeitig bedeutet es, dass ein Verkäufer sich proaktiv meldet, um zum Beispiel Hindernisse aus dem Weg zu räumen. Vertrauen baut sich in solchen Kontakten unter anderem bereits durch das aus der Psychologie bekannte Phänomen namens Mere-Exposure-Effekt auf. Der stetige Kontakt sorgt durch seine Wiederholung dafür, dass das Gegenüber positiver wahrgenommen wird, immer sympathischer erscheint und das gegenseitige Vertrauen ineinander so Schritt für Schritt wächst.

Neben dem „Da sein", der Präsenz – gerade in schwierigen Zeiten – ist die zweite Zutat die Absicht, dem Kunden in keiner Weise zu schaden – was vom Do-No-Harm-Prinzip gefordert wird. Konkret bedeutet das, dass wir niemanden irgendwohin manövrieren oder drängen, nur weil es uns selbst dort vielleicht besser gefällt, sprich, weil wir dann leichter verkaufen können. Stattdessen verpflichten wir uns stets, den Nutzen des Kunden im Fokus zu behalten.

Und natürlich wird es komplexer, wenn den Interessenten eine Lösung vorschwebt, von der wir aus unserer Erfahrung wissen, dass sie dem Kundenunternehmen eher schadet, als nützt. Es mag verlockend sein, dem Kunden zu geben, was er fordert, und den Verkaufsprozess schnell zum Abschluss zu bringen. Aber dann hätten wir ebenfalls gegen das Prinzip verstoßen, keinen Schaden anzurichten. Das Schöne ist, dass Menschen sich durch unser „Da sein, ohne zu schaden" leichter überzeugen lassen, weil sie wissen, dass es uns eben nicht nur um Profit und Eigennutz geht.

Das vierte Element: Bindung

Bindung geschieht durch Kontinuität und „mehr vom Gleichen". Wer es geschafft hat, das „Tal des Todes" zu durchqueren, hat bereits eine vertrauensvolle Basis geschaffen. Die Zuneigung des einen löst nun ein Wohlgefühl beim anderen aus. Für den Vertrieb bedeutet das: Mehr Verkäufe an denselben Kunden steigern die gegenseitige Zufriedenheit. Doch tatsächlich hatten Neukunden lange Zeit einen höheren vertrieblichen

Stellenwert als Bestandskunden. Neu war irgendwie besser und daher wurde der Neukundengewinnung mehr Aufmerksamkeit geschenkt, sie wurde sogar besser provisioniert. Dabei ist der Aufwand, der geleistet werden muss, bis ein neuer Kunde gewonnen ist, um ein Vielfaches höher als der, den es braucht, einen Bestandskunden zu halten. Deshalb rate ich zu nachhaltigem Vertrieb. Denn bei der fürsorglichen Pflege von Kundenbeziehungen verhält es sich wie mit der ökologischen Nachhaltigkeit in der Forstwirtschaft: Es reicht nicht, für jeden gefällten Baum wieder einen neuen zu pflanzen. Wissen wir doch schon lange, dass ein Wald nicht nur aus Bäumen besteht. Er besteht aus den komplexen, gewachsenen Beziehungen der Bäume und aller anderen Lebewesen des Waldes untereinander. Durch gesunde Produkte und Leistungen und ihren wertschöpfenden Verkauf wächst der Erfolg und Nutzen des Kunden. Die Zufriedenheit und die Empfehlungen der Geschäftspartner lassen uns wiederum als Unternehmen wachsen, wodurch immer mehr Kunden den Weg zu uns finden, damit wir sie erfolgreicher machen.

Das fünfte Element

Ich betone in meinen Coachings immer, dass es sich bei den vier Elementen eines gesunden, nachhaltigen Beziehungsaufbaus nicht um eine Blaupause handelt, mit der man alleine über Nacht seine Kundenbeziehung verbessern kann. Guter Vertrieb ist immer ein dynamischer und anspruchsvoller Prozess. Um den hohen Anforderungen gerecht zu werden, bedarf es eines weiteren Elements. Dieses betrifft die Organisation und Struktur des Vertriebs innerhalb eines Unternehmens – das Vertriebsteam.

Vertrieb war jahrelang das Revier des einsamen Wolfes, der auf Kundenjagd ging. Doch heute stehen Unternehmen vor der Herausforderung, Mitarbeitende zu finden, die den Vertrieb als abwechslungsreich und persönlich wertschöpfend erachten, bestenfalls intrinsisch motiviert sind. Reine Provisionsanreize, die sprichwörtliche „Karotte vor der Nase", führen nicht zu intrinsischer Motivation und damit letztlich nie zu einer ausreichenden Vertriebsqualität. Variable Vergütung und regionale Einteilung ziehen Neid und Disharmonie im Team nach sich, was dem eigenen Unternehmen und damit auch den Interessenten und Kunden schadet.

„Vertrieb war jahrelang das Revier des einsamen Wolfes, der auf Kundenjagd ging. Doch heute stehen Unternehmen vor der Herausforderung, Mitarbeitende zu finden, die den Vertrieb als abwechslungsreich und persönlich wertschöpfend erachten, bestenfalls intrinsisch motiviert sind."

Der Beziehungsaufbau in privaten Beziehungen ist komplex und als Individuen sind wir sicher alle schon einmal daran gescheitert. Auch wenn Beziehungen im B2B-Bereich grundlegend ähnlich funktionieren, kommt hier noch eine wichtige Dimension hinzu: B2B-Beziehungen sind keine bilateralen, sondern multilaterale Beziehungen. Die einzelne entscheidungsbefugte Person, die für die gesamte Firma einkauft, existiert nur noch in den seltensten Fällen. Stattdessen gibt es Buying Center, spezielle Gremien mit unterschiedlichen Bedürfnissen und Kaufkriterien. Ein einzelner Verkäufer ist diesen Gremien heute nicht mehr gewachsen und war es wahrscheinlich nie. Oder kennen Sie jemanden, der fachlich auf dem Niveau eines Technikers agiert, empathisch ist wie eine Therapeutin, investigativ analysiert wie ein Kommissar und schlagfertig kontert wie eine Politikerin? Es wäre die Suche nach der vertrieblichen „eierlegenden Wollmilchsau".

Die Neuausrichtung im Vertrieb muss von innen erfolgen. Ich plädiere diesbezüglich gegen hierarchische Vertriebsabteilungen und stattdessen für soziokratisch organisierte (gemeinsam „herrschende"/entscheidende) Vertriebseinheiten. Das bedeutet, dass unterschiedliche Teams im Vertriebsprozess gleichberechtigt ihre jeweiligen Expertisen einbringen. Es gibt Spurensucherinnen und Kontakter (Finden), Erforscher und Problemlöserinnen (Kennenlernen), Erklärerinnen und Visionäre (Aufbau) sowie Service- und Beziehungsmanagerinnen (Bindung). Dedizierte Rollen arbeiten im Verkaufsprozess mit ihren jeweiligen Konterparts zusammen.

Wie lassen sich wiederum aber diese Teams miteinander harmonisieren? Wie sorgt man dafür, dass im Sinne eines erfolgreichen Vertriebsprozesses alle an einem Strang ziehen? Sie ahnen es bereits: durch den Aufbau gesunder und nachhaltiger Beziehungen.

PRITU DETEMPLE

Pritu Detemple ist Business Coach für das Thema B2B-Vertrieb. Seine Leidenschaft für den Vertrieb wurde durch zwei Umstände entfacht: Zum einen durch die Erziehung seines indischen Vaters, der sich nach seiner Ankunft in Deutschland lange Zeit durch den Verkauf von Wasser an durstige Sportler über Wasser hielt. Zum anderen durch sein Studium der Philosophie, wodurch er Elemente der Rhetorik, Logik und Spieltheorie auf den Vertrieb ummünzte und damit einen neuartigen Weg für den modernen Vertrieb entwickelte. Seine Unternehmensberatung GO FOR SALES Vertriebsentwicklung GmbH & Co. KG steht für das Neudenken im Vertrieb. Neben seinem Hauptberuf ist Pritu Detemple Autor, Podcaster und Blogger. Er lebt mit seiner Frau und seinen drei kleinen Töchtern in Saarbrücken und träumt davon, eines Tages mit seinem Boot nach Indien zu segeln.

Kundenorientierung, Kundenliebe?

**Reden ist Silber, Handeln ist Gold:
Ein paar Learnings aus meiner Zeit bei SAP.**

ERWIN GUNST

Erwin Gunst war von 1988 bis 2010 in leitenden Funktionen bei SAP tätig, zuletzt als COO und Mitglied des Vorstands. Nach seiner Zeit bei SAP setzte der Wirtschaftsingenieur seine Laufbahn im Aufsichtsrat bei Avast fort, bis er vor einem Jahr aus dem Berufsleben ausschied.

„Als ich die Anfrage erhielt, einen Beitrag zu diesem Buch beizusteuern, waren meine ersten Gedanken: Kundenliebe? Was hat Liebe mit Kunden zu tun? Oder umgekehrt? Nun, schauen wir mal.

Den größten Teil meines aktiven Berufslebens verbrachte ich bei dem Softwareunternehmen SAP. Als ich dort 1988 anfing, fand ich eine Unternehmenskultur vor, die Kundenorientierung schon in der DNA hatte. Das erste Produkt hatten die SAP-Entwickler in den 1970er-Jahren im Rechenzentrum des Kunden programmiert. Ich kam also in ein Unternehmen, für das Kundenorientierung kein Accessoire oder bloße Rhetorik war, sondern einer der ursprünglichen Treiber für den Erfolg. Das Produkt entstand beim Kunden und mit dem Kunden. Die SAP-Gründer waren Entwickler und im täglichen Kundenkontakt. Kundenorientierung? Sicher! Kundenliebe?

Auch beim weltweiten Roll-out des Geschäftsmodells, den ich in diversen Funktionen mitgestalten durfte, spielte der Kontakt zwischen den Kunden und unseren Entwicklern eine wichtige Rolle. Wir hatten zunächst kaum reine Vertriebsexperten. Das internationale Geschäft wurde über eine Holding in der Schweiz organisiert. In den ersten Jahren wurden vor allem Berater eingestellt. Vertrieb schien für die Gründer damals eher nicht notwendig. Vertriebler wurden gar zu Anfang durch einen Gründer als „unproduktive" Kräfte bezeichnet. Sein Motto: Wir verkaufen nicht unsere Lösungen, wir überzeugen fachlich. Und fachlich überzeugen konnten aus seiner Sicht vor allem unsere Softwareentwickler und -berater …

Notwendigerweise gewannen im Zuge der geografischen Markterweiterung Ende der Achtziger- und Anfang der Neunzigerjahre der klassische Vertrieb und das Marketing vermehrt an Gewicht. Dennoch, in diese neue Ära der rasanten Organisationsentwicklung haben wir den Merksatz mitgenommen und weltweit in der Unternehmenskultur verankert: Der Kunde steht im Mittelpunkt. So wurden auch unsere Kunden und Geschäftspartner aktiv in die Unternehmenskommunikation eingebunden. Sie waren diejenigen, die über ihre Erfahrungen mit uns berichteten. Das war ein wichtiger Baustein, um für unsere SAP-Lösungen das Vertrauen von weiteren IT-Verantwortlichen weltweit zu gewinnen.

Vertrauen gewinnen und ausbauen, darüber reden, was man gemeinsam tut, Aktivitäten, die auch in der Liebe eine wichtige Rolle spielen, oder? Also doch mehr als bloß Kundenorientierung?

Kundenbeziehungen global skalieren

Eine der vielen Nüsse, die wir bei der Globalisierung des SAP-Geschäfts zu knacken hatten: Wie skalieren wir unsere starken Kundenbeziehungen, wie sie über mehr als 15 Jahre in Deutschland aufgebaut, ausgebaut und gelebt wurden, auch global? Über Landesgrenzen, Sprachbarrieren, kulturelle Gepflogenheiten hinweg? Ein paar Beispiele.

Um den uns leitenden Gedanken „Der Kunde steht im Zentrum" lebendig zu halten, begannen wir, jährliche Anwendertreffen zu veranstalten – Events unter dem Namen Sapphire, zunächst in Nizza, später an wechselnden Orten, anfangs mit wenigen Hunderten, später mit mehreren Tausenden, dann schließlich mit mehr als zehntausend Teilnehmern, die über drei, vier Tage gingen. Am Anfang hatten wir aber doch einige Schwierigkeiten zu überwinden. Ich kann mich noch gut daran erinnern, dass unsere erste Anwenderkonferenz unter dem Titel „Making Waves“ zuerst in unserer deutschen Konzernzentrale so manche Wellen schlug. Das Konzept setzte sich aber durch und wurde ein wesentlicher Pfeiler unseres Erfolges in der Welt. Wenn Landesgesellschaften groß genug waren, kamen nationale Events und regionale Treffen hinzu, teilweise angedockt an die globale Großveranstaltung. Parallel bildeten sich eher technisch-, funktional- oder themenorientierte Anwendergruppen, in die auch SAP-Entwickler mit eingebunden wurden.

Das Geschäft wuchs, das Konzept blieb: Kunden über ihre Erfahrungen mit SAP sprechen lassen, zuhören, Fehler beseitigen und gemeinsam Zukunft gestalten, indem wir neue Funktionalitäten hinzufügten oder neue Technologien nutzten. Nach wenigen Jahren nahmen auch Geschäftspartner an den Konferenzen teil. So entstand ein weltweites Netz an Verbindungen und Bindungen zwischen Unternehmen und vor allem Menschen. So mancher auf diese Weise initialisierte Kontakt hat bis ans Lebensende gehalten. Letztens sprach ich mit einem unserer damaligen Geschäftsführer. Er ist mittlerweile 80 Jahre alt. Er berichtete mir von seinem ersten Kunden, dessen damaliger Leiter für IT und Finanzen vor Kurzem nach langer Krankheit gestorben war. Die Beziehung hatte der SAP-Kollege über all die Jahre weiter gepflegt. Kundenliebe?

„Das Geschäft wuchs, das Konzept blieb: Kunden über ihre Erfahrungen mit SAP sprechen lassen, zuhören, Fehler beseitigen und gemeinsam Zukunft gestalten, indem wir neue Funktionalitäten hinzufügten oder neue Technologien nutzten.“

Kooperation statt Konkurrenz

Den Gedanken der Kundenorientierung förderten wir zudem über unsere Zusammenarbeit mit globalen wie aber auch regionalen und lokalen Partnern. Schließlich ist SAP-Software ein Werkzeug, das vor allem im Verbund mit vielen anderen wichtigen Komponenten die Lösung für den Kunden bildet. Auf diversen Ebenen arbeiteten wir mit Partnern zusammen: technologisch natürlich und im Bereich der Softwareentwicklung, -beratung und -schulung. Das durch SAP angestrebte Umsatzwachstum war nur mit unseren Partnern möglich. Auch im Vertrieb und Marketing haben wir immer wieder die Zusammenarbeit gesucht und gestaltet. Wir füllten sogar das Wort Co-opetition täglich mit Inhalt: In so manchen Fällen waren wir nämlich gleichzeitig Partner und Wettbewerber. Die Zusammenarbeit immer enger und tragfähiger zu gestalten, darum ging es. Nach dem Motto: Wie kommen wir vom „Dein“ und „Mein“ zum „Unser“? Wir arbeiteten mit globalen Playern wie IBM, Microsoft und weltweit agierenden Beratungsunternehmen wie zum Beispiel PricewaterhouseCoopers oder Accenture und sehr vielen anderen lokalen oder regionalen Playern zusammen. Diese Zusammenarbeit zum Vorteil unserer Kunden zu gestalten war ein wesentlicher Erfolgsfaktor. Das Geschäft des gemeinsamen Kunden im Fokus zu behalten, blieb eine ständige Herausforderung. Auch hier kann man Parallelen zur Liebe durchaus erkennen, oder?

Oder ein anderes Beispiel. Anfang der 1990er-Jahre rückten Unternehmen weltweit vermehrt ihre Kunden in den Mittelpunkt ihrer Tätigkeit, und zwar in allen Geschäftsbereichen, auf allen Ebenen und in allen Funktionen.

Ursprünglich waren Betriebe ebenso wie die betriebliche Unternehmenssoftware in Funktionen aufgeteilt wie Buchhaltung, Lohnwesen, Produktion, Vertrieb, Logistik. Die Beraterszene, gewappnet mit dem Begriff des Business Process Reengineering (BPR), überzeugte immer mehr Unternehmen: Ihr müsst euch nicht einfach nur funktional, sondern ihr müsst euch auch prozessual aufstellen mit eurem Kunden im Zentrum eurer Unternehmensaktivitäten. Damit ließen sich im Unternehmen auch Effizienz- und Effektivitätspotenziale erschließen, neue Kunden gewinnen und Kundenbindungen stärken.

Die bisherige Vorstellung der klassisch hierarchischen Unternehmensstruktur begann zu kippen, alles war nun auch prozessual zu denken. Dies stellte neue Anforderungen an die SAP-Software, die bis dahin eher auf die funktionale Organisation der Unternehmensbereiche ausgerichtet war. Unsere Software musste jetzt Wertschöpfungsketten abbilden, die die diversen Akteure – Kunden, Geschäftspartner, Lieferanten und die eigenen Mitarbeiter – entlang der Unternehmungsprozesse integrieren. Die Perspektive der Unternehmensführung erweiterte sich auf immer mehr und immer komplexere Abläufe. Unsere Kunden und natürlich auch die Neukunden mussten wir vermehrt nicht nur mit eher technischen und funktionalen Argumenten überzeugen, sondern auch mit rein betriebswirtschaftlichen, wie: Du kannst drei Prozent mehr Marge machen, wenn du in diesem oder jenem Prozess schlanker oder schneller oder beides wirst. Unsere Aufgabe im weltweiten Vertrieb bestand darin, den Kunden aufzuzeigen, wie sie SAP als das Werkzeug nutzen konnten, um ihre Unternehmensziele besser zu erreichen. Diese Weiterentwicklung der Kundenbeziehung konnte nur mit den Kunden und mit unseren Partnern gelingen. Diese Wandlung hat natürlich so manche Beziehung auch unter Druck gesetzt. Die durchaus auch schwierigen gemeinsamen Erfahrungen haben das Verhältnis in den allermeisten Fällen aber sogar gestärkt und verbessert. Liebesbeweise?

„Kundenbeziehungen leben von Vertrauen, gegenseitigem Respekt und Verständnis füreinander."

Gemeinsames Erleben steht im Mittelpunkt

Beim Schreiben dieses Textes wurde mir klar, dass ich zwar damals das Wort Kundenliebe nicht aktiv benutzt habe, und dennoch: Zusammen mit meinen Kolleginnen und Kollegen weltweit habe ich täglich vieles getan, was man heute durchaus als Zeichen von Kundenliebe deuten könnte. Zum Schluss kann man es nennen, wie man will. Was klar ist: Kundenbeziehungen leben von Vertrauen, gegenseitigem Respekt und Verständnis füreinander. Über die Liebe wurde schon sehr viel gesprochen, gesungen und geschrieben auf dieser Welt. Eines hat sie gemeinsam mit unternehmerischem Handeln: Ohne Kommunikation geht nichts. Aber, so mein Fazit: Noch wichtiger ist gemeinsames Erleben. Gemeinsam Lösungen suchen, finden und umsetzen. Und gemeinsam Erfolge feiern. Liebe hin oder her.

„Krisen meistern gehört zu unserem Geschäft“

Der Bauunternehmer Philipp Gross aus dem saarländischen St. Ingbert weiß, wie man Kunden begeistert. Als Urenkel des Gründers leitet er die Peter Gross Bau in nunmehr vierter Generation. Im Gespräch verrät der 56-Jährige, warum sich gerade Familienunternehmen für Kunden besonders verantwortlich fühlen, was sein persönliches Kundenversprechen ist – und unter welchen Umständen er sogar freiwillig auf Umsatz verzichten würde.

Herr Gross, Ihr Bauunternehmen, das Ihr Urgroßvater vor 137 Jahren gründete, legt großen Wert auf die langfristige Zusammenarbeit mit Kunden. Wie kann ein Unternehmen dieses Ziel über so viele Jahre und Jahrzehnte hinweg erreichen?

Kontinuität, Nachhaltigkeit und Langfristigkeit gehören zur DNA eines mittelständischen Unternehmens. Dies gilt bei uns sowohl für die Zusammenarbeit von und mit unseren Beschäftigten als auch für die Zusammenarbeit mit unseren Kunden. Als Familienunternehmen fühlen wir uns unseren Mitarbeitenden und Kunden gegenüber verantwortlich, auch in Krisenzeiten. In den vergangenen 25 Jahren sind fast alle großen Konzerne hierzulande aus der Bauwirtschaft ausgeschieden. Die einen durch Insolvenz, die anderen durch die Verlagerung ins Ausland. Mittelständische Baufirmen sind jedoch geblieben. Wie nachhaltig unser Unternehmen ist, sehen Sie allein daran, dass ich in der 137-jährigen Unternehmensgeschichte erst der vierte geschäftsführende Gesellschafter bin. In Konzernen wird die Geschäftsleitung meist alle paar Jahre ausgetauscht. Gleichwohl müssen wir flexibel und schnell handlungsfähig sein, um zukunftsorientiert zu wirtschaften. Für mich gehören zu einem modernen Unternehmen flache Hierarchien und schnelle, klare Entscheidungen. Diese Entscheidungskompetenz und -verantwortung wird bei uns sehr weitreichend delegiert. Das wissen unsere Kunden zu schätzen, weil sie dadurch unsere Leistungen unmittelbar und verbindlich in Anspruch nehmen können.

In Ihrem Familienunternehmen werden traditionelle Werte großgeschrieben – darunter etwa Loyalität, Vertrauen und Verantwortung. Wie wird dies für Ihre Kunden erlebbar?

Diese Werte sind ein maßgeblicher Teil unserer Unternehmenskultur. Dadurch, dass unsere Mitarbeitenden diese täglich leben und erleben, sind sie in der Lage, dieses Leitbild mit unseren Kunden zu teilen. Der

> **„Als Familienunternehmen fühlen wir uns unseren Mitarbeitenden und Kunden gegenüber verantwortlich, auch in Krisenzeiten."**

menschliche Umgang miteinander genießt bei uns oberste Priorität. „Schnell, schnell und cash is king" läuft bei uns nicht. Wir bauen Unikate, die baubegleitend weitergeplant werden. Ständig verändert sich etwas auf den Baustellen, Anforderungen werden ergänzt oder neu erarbeitet. Hier ist die Kompetenz unserer Mitarbeitenden gefragt: Vieles müssen sie situativ vor Ort entscheiden. Dabei ist die angemessene Lösung des Problems wichtiger als die Einhaltung eines vorgesehenen Prozesses. Unsere Kunden wissen, dass sie sich stets auf das Wort ihres direkten Ansprechpartners, etwa des Baustellenleiters, verlassen können. Größere Einheiten neigen dazu, aus Sorge vor Fehlentscheidungen dieser Verantwortung aus dem Weg zu gehen und Entscheidungen auf mehrere, teilweise wechselnde Ansprechpartner zu verlagern.

Wie bereiten Sie Ihre Mitarbeitenden konkret auf die Anforderungen des täglichen Geschäfts vor?

Wir sehen uns als Dienstleister und nicht als Produzent. Unsere Mitarbeitenden müssen kompetent, entscheidungsfähig und verbindlich sein. Wir haben dazu eine firmeneigene Akademie gegründet, in der die Mitarbeitenden über das Fachliche hinaus lernen, welche Fähigkeiten es braucht, sich miteinander und mit den Kunden konstruktiv zu verständigen. Diesen Werkzeugkoffer geben wir ihnen an die Hand. Das Prinzip „Lebenslanges Lernen" gilt bei uns für die gesamte Belegschaft – unabhängig von ihrer Position.

Was braucht es, um sich als Bauunternehmen an sich verändernde Kundenansprüche und gesellschaftliche Entwicklungen anzupassen? Und welche Umbrüche haben Ihre Branche in den letzten Jahren besonders geprägt?

Die großen Stärken des Mittelstands sind Flexibilität und die Anpassungsfähigkeit an neue Anforderungen des Marktes. Man muss neue Dinge ausprobieren und dabei auch das Risiko des Scheiterns einkalkulieren. Dazu bedarf es einer lernorientierten und angstfreien Fehlerkultur. Eine Krise sehe ich grundsätzlich positiv, als Aufruf des Schicksals, sich zu verändern. Ein Beispiel ist die Wirtschaftskrise im Jahr 2008. Zu der Zeit ging die Nachfrage für Bürogebäude und Lagerhallen drastisch zurück. In der Folge haben wir unsere Kompetenz im Geschosswohnungsbau, im Hotelbau, im Brückenbau, im Gleisbau, im Bau von Logistikhallen und beim Verlegen von Glasfaserleitungen erweitert. Aktuell droht im Zuge der gestiegenen Materialkosten und der Zinserhöhungen ein Rückgang des Wohnungsbaus. Auch hier müssen wir andere Bereiche finden, in denen wir uns weiterentwickeln. Kurzum: Krisen sind bei uns ein Teil des normalen Geschäfts.

In puncto gesellschaftlicher Entwicklung ist das Thema Work-Life-Balance am Bau inzwischen sehr wichtig geworden – vor allem bei den Jüngeren. Wir sind offen gegenüber neuen Arbeitszeitmodellen. In den letzten Jahren wurden wir mehrfach als bester Arbeitgeber, bester Ausbildungsbetrieb sowie als Unternehmen mit besten Zukunftschancen ausgezeichnet.

„Klarheit und Wahrheit ist für alle Beteiligten das Beste. Die meisten unserer Kunden schätzen das."

Welche Anforderungen implizieren Ihre Wertevorstellungen rund um die Bauvorhaben an Beratung und Vertrieb?

Wir sind vor allem mit einem technischen Vertrieb aufgestellt, der mit den Bauherren individuelle Lösungen erarbeitet. In der Bauwirtschaft gibt es einen starken Wettbewerb. Dabei kann es vorkommen, dass Firmen scheinbar günstige Angebote machen, diese sich aber im Verlauf der Baumaßnahmen erhöhen. Wir sagen unseren Kunden hingegen im Vorfeld, welche Mehrkosten auf sie zukommen können, beziehungsweise wie man sie vermeiden könnte. Klarheit und Wahrheit ist für alle Beteiligten das Beste. Die meisten unserer Kunden schätzen das.

Können Familienunternehmen im Wettbewerb um Kunden bei Vertrieb und Service besonders punkten?

Aufgrund der flachen Hierarchie bleibt die unmittelbare Verantwortungskette in der Organisation bestehen – auch, wenn auf der Baustelle Probleme auftreten. So kann mich der Kunde jederzeit kontaktieren und ich kümmere mich persönlich um sein Anliegen. Das ist mein Kundenversprechen. Wenn ich zur Einweihung eines Baus eingeladen bin, werde ich schon mal gefragt: „Herr Gross, ich habe Sie noch nie auf der Baustelle gesehen." Meine Antwort ist dann: „Seien Sie froh, ich komme nur, wenn es Probleme gibt." Viele unserer Kunden kenne ich seit über 25 Jahren. Ich war während der Bauphase für sie da, im Laufe der Gewährleistungszeit, bei nachfolgenden Bauvorhaben – in guten wie in schwierigen Phasen. Bei einem Konzern wäre dies womöglich der Nachfolger des Nachfolgers. Die Kontinuität unseres Familienunternehmens schafft Vertrauen und ist die Basis für eine nachhaltige Zusammenarbeit.

Wie bringen Sie die beiden im Vertrieb essenziellen Aspekte „Umsatzorientierung" und „Kundenzentrierung" auf einen Nenner?

Ganz einfach: Wir arbeiten schon immer nicht umsatz-, sondern kundenorientiert. Entsprechend unserer Werte gibt es Kundengruppen, für die wir nicht bauen. Es ist am Ende wichtig, dass wir zum Kunden passen und umgekehrt. Wenn wir das Gefühl haben, dass die Kultur, das Geschäftsmodell oder die Chemie nicht passt, verzichten wir auf diesen Umsatz.

Was hat am Bau Begeisterungspotenzial?

Wer baut, will sich einen Traum erfüllen. Wir helfen ihm dabei. Wenn ein Bauwerk fertig ist, erwacht dieser Traum für alle Beteiligten zum Leben. Man sieht ihn. Bauen ist eben emotional. Und genau dadurch können sich Menschen dafür begeistern. Ein neues Haus, ein neues Büro oder eine neue Fabrik verändern das Leben der Menschen. Auch unsere Mitarbeitenden sind stolz auf das, was sie miterschaffen haben.

Wie äußert sich Kundenzufriedenheit aus Ihrer Sicht?

Ganz klar: Wenn die Kunden wiederkommen. Und die meisten unserer Kunden kommen wieder. Das ist das höchste Lob.

Wie stark ist Ihrer Erfahrung nach die „Kraft der Weiterempfehlung" durch zufriedene Kunden?

Neben dem Wiederkommen ist die Weiterempfehlung das zweite Highlight. Bauen ist meist Chefsache. Wenn ein Firmenboss zum Chef einer anderen Firma sagt: „Mit denen kannst du bauen, das hat funktioniert!", könnte das die Eintrittskarte für den nächsten Auftrag sein.

PHILIPP GROSS

1885 gründete Maurermeister Peter Gross senior als selbstständiger Unternehmer sein Baugeschäft in St. Ingbert (Saarland). Seit 1994 leitet Philipp Gross, Urenkel des Gründers, das Unternehmen als Geschäftsführer. Heute erarbeitet der Unternehmensverbund mit mehr als 2.000 Mitarbeitenden jährlich über 650 Millionen Euro Bauleistung. Das familiengeführte Unternehmen ist in den vergangenen Jahrzehnten enorm gewachsen und mittlerweile in allen Sparten des Hoch- und Infrastrukturbaus sowie in sämtlichen weiteren Bereichen der Bauwelt tätig. Philipp Gross ist davon überzeugt, dass das Wachstum der Firma auf der Leistung der Beschäftigten beruht, aber auch auf den mittelständischen Werten, welche die Mitarbeitenden tagtäglich leben und erleben: „Unser Anspruch als Familienunternehmen ist es, kontinuierlich dazuzulernen und im Umgang mit Kunden, Geschäftspartnern und Mitarbeitenden immer wieder noch ein bisschen besser zu werden."

Vernetzte Prozesse, her zufriedene Kunden

vorragende Workflows,

Hinter jeder erstklassigen Customer Experience steckt ein hervorragender Workflow, ist der US-Topmanager Bill McDermott überzeugt. Doch wie kann es Unternehmen gelingen, vorhandene Systeme und Prozesse besser zu orchestrieren, um so die Erwartungen und Wünsche der Kunden optimal zu erfüllen? Und wie gelingt die perfekte Verzahnung über alle Bereiche hinweg? Ein Denkanstoß.

Diesen Abschnitt möchte ich gleich mit einem Verweis auf den Titel dieses Buches beginnen: Kundenliebe. Es ist ein tiefgreifendes Gefühl. Was ist schon unternehmerischer Erfolg, wenn man nicht genau diese Liebe zum Kunden aufgreift? Es bedeutet, die vom Kunden benötigten Tools zu entwickeln, sie ihnen auf die genau richtige Weise zur Verfügung zu stellen und bei jedem einzelnen Schritt ihre Bedürfnisse zu erfüllen. Kunden sind so viel mehr als nur Käufer eines Produkts oder einer Dienstleistung: Sie sind Führungskräfte, Ärzte, Lehrer, Eltern, Freunde und alles, was dazwischen ist. Jeder Mensch ist unser Kunde. Indem wir Kunden helfen, ihre Ziele zu erreichen und ihre Probleme zu lösen, erzeugen wir Vertrauen. Wenn wir das bei jeder einzelnen Interaktion mit ihnen hinbekommen, erzeugen wir Liebe. Bei ServiceNow sprechen wir davon, die Welt zu verbessern. Diese bessere Welt entsteht, wenn wir den Kunden in den Mittelpunkt unseres Handelns stellen. Die großen Fragen aber sind: Wie kommen wir dahin? Wie können wir das Kundenerlebnis in den Mittelpunkt unseres Handelns stellen? Wie schaffen wir dieses Vertrauen und wie bauen wir diese Liebe auf?

Die richtigen Prozesse sind entscheidend

In meiner bisherigen Laufbahn habe ich es mir zum persönlichen Ziel gesetzt, genau diese Fragen zu beantworten. Seit meinen allerersten Jobs – vom Zeitungsaustragen über die Arbeit in Supermärkten und Restaurants bis hin zu meinem eigenen Feinkostladen, den ich bereits als Teenager kaufte – war ich von guten Kundenerfahrungen inspiriert. Die Antwort ist damals wie heute, in meiner Rolle als CEO von ServiceNow, dieselbe: Gute Erfahrungen machen Kunden glücklich. Bei ServiceNow geht es darum, Kundenwünsche und -bedürfnisse in die Realität umzusetzen. Das bedeutet, dass wir Probleme lösen, auf Bedürfnisse reagieren und Wünsche erfüllen. Hinter jedem dieser Dinge steht ein Prozess. Doch wenn dieser Prozess schlecht ist, trifft das Ergebnis nicht ins Schwarze. Wenn man das auf die Anzahl der Probleme, Bedürfnisse und Wünsche hochrechnet, die wir alle tagtäglich haben, und wenn man das von einer Einzelperson auf die Größe eines ganzen Unternehmens hochrechnet, kann man sich vorstellen, wie schädlich die Auswirkungen sein könnten, vor allem, wenn die tatsächlichen Einzelheiten – und auch das Ausmaß – unsichtbar sind. Das Ergebnis ist ein Aufeinanderprallen verschiedener Systeme, endlose Komplexität, langsamer Fortschritt und unzufriedene Kunden. Es ist wenig Luft für Wachstum in einem Umfeld, in dem jeder zu sehr damit beschäftigt ist, Brände zu löschen – oder in dem man nicht einmal mehr Veränderungen vorantreiben kann.

„Es ist wenig Luft für Wachstum in einem Umfeld, in dem jeder zu sehr damit beschäftigt ist, Brände zu löschen – oder in dem man nicht einmal mehr Veränderungen vorantreiben kann."

Als Antwort darauf müssen wir uns einen Überblick der Aktivitäten verschaffen, damit wir jedes Problem sofort erkennen – und wir müssen die Probleme, Bedürfnisse und Wünsche in den Griff bekommen, damit sie überschau- und kontrollierbar sind. Einfach ausgedrückt: Wir müssen aus nicht näher definierten „Prozessen" solide „Arbeitsabläufe" machen. Je umfassender und detaillierter wir dabei vorgehen, desto bessere Ergebnisse können Sie erzielen und desto schneller können Sie Ihre Kunden begeistern, anstatt sie zu frustrieren.

Deshalb erschaffen wir bei ServiceNow eine Workflow-Plattform für das 21. Jahrhundert. Eine, mit der Sie selbst die chaotischsten Prozesse im gesamten Unternehmen durchgängig automatisieren können: Von der Art und Weise, wie die IT das Unternehmen unterstützt, über die Mitarbeiterbetreuung bis hin, wie Sie Ihre Kunden bedienen.

Wie schaffen wir das?

Zunächst benötigen wir einen Überblick über die Probleme aller Beteiligten, um das Kundenerlebnis wirklich zu verbessern. Dies bedeutet, dass erfolgreiche Arbeitsabläufe eine vollständige Integration auf der höchsten Ebene erfordern: dem C-Level. Anders ausgedrückt: Wenn Sie einen kleinen Regenschirm haben, bleiben nur ein paar Leute trocken. Wenn Sie einen großen Regenschirm haben, bleiben alle trocken. Die Integration auf C-Level ist wie ein möglichst großer Regenschirm, der jeden in Ihrem Unternehmen abdeckt und Ihnen ermöglicht, in jede Abteilung, jedes Team und jede Gruppe hineinzusehen. Durch Zusammenführen dieser Informationen zu einem einzigen „Workflow" haben Sie alle möglichen Daten an einem Ort. Wir nennen dies eine „Plattform für digitale Unternehmen". Natürlich reicht es nicht aus, nur zu sehen, was passiert. Wenn man etwas bewirken möchte, muss man auch verfolgen, was passiert – und dann Dinge ändern, um sie zu verbessern. Das erfordert die richtigen Tools, die auf die richtige Weise eingesetzt werden: So entsteht die Möglichkeit für das gesamte Unternehmen, Prozesse sichtbar zu machen, nachzuverfolgen und zu verändern. In einer integrierten Umgebung mit vollständiger Transparenz sind die zur Verfügung stehenden Tools sehr viel leistungsfähiger als jemals zuvor. Integrierte Unternehmen bieten eine solide Datenplattform, die es ihnen ermöglicht, Tools und Technologien der nächsten Generation wie KI, Robotic-Process-Mining, Hyperautomation und Low-Code optimal zu nutzen. Dadurch werden Ergebnisse erzielt, die zuvor unmöglich erschienen. So können Sie damit beginnen, ein selbstlernendes System aufzusetzen, das Probleme identifiziert und behebt, bevor Sie überhaupt merken, dass Sie welche haben. Diese Technologien funktionieren jedoch nur auf der soliden Grundlage eines integrierten Unternehmens, das Ihnen den Zugriff auf alle erforderlichen Datenquellen ermöglicht und die gewünschten wertvollen Verbesserungsvorschläge macht. Ohne klaren Überblick ist es, als würde man versuchen, Wasser aus einem ausgetrockneten Brunnen zu schöpfen: Der Eimer ist nicht nur leer, sondern es gibt auch nichts zu trinken. Mit diesen Tools kann Ihr Unternehmen, anstatt in einem kleinen Umfang, Daten im gesamten Unternehmen nutzen und Veränderungen in der Breite vorantreiben. Dass Unternehmen die richtigen Prozesse und Ansätze haben, reicht jedoch nicht aus. Sie müssen auch ein konkretes Ziel haben. Für ein optimales Kundenerlebnis benötigen sie eine gemeinsame Strategie, auf die sie sich konzentrieren können, und ein Ziel, das sie anstreben und erreichen möchten. Aus diesem Grund braucht jedes Unternehmen eine Wachstumsstrategie.

Die Bedeutung einer Wachstumsstrategie

Durch Wachstumsstrategien bleiben wir auf unsere Ziele fokussiert und stellen sicher, dass unsere Bemühungen in die gleiche Richtung gehen. So bleiben wir uns selbst gegenüber ehrlich: Erreichen wir wirklich das, was wir uns vorgenommen haben? Nehmen wir zum Beispiel ServiceNow. Die Kunden erkennen den unternehmerischen Vorteil, den sie mit ServiceNow erzielen. Wir helfen ihnen, mit weniger Aufwand mehr zu erreichen. Im Rahmen unserer Wachstumsstrategie planen wir, die Umsätze durch Benutzer-Abonnements bis 2026 auf über 16 Milliarden US-Dollar zu verdreifachen. Es ist wichtig, das Kundenerlebnis in den Mittelpunkt dieser Strategie zu stellen. Dies zeigt sich insbesondere in unserem Streben nach Vertikalisierung – die Entwicklung von Lösungen, die auf spezifische Branchen zugeschnitten sind, anstatt allgemeiner „Universal-Lösungen" – sowie in der Konzentration auf bestimmte Personengruppen. Damit es sich lohnt, muss jede Zielerreichung gemessen werden. Wirtschaftliche Zahlen sind wichtig. Vergessen Sie aber nicht: Der Kunde steht immer im Mittelpunkt von allem. Wir können so viel in Geld messen, wie wir wollen – wenn wir nicht verstehen, wie es unsere Kunden beeinflusst, werden wir nie ein echtes Verständnis für die Auswirkungen unserer Aktivitäten bekommen. Es zeigt zwar, dass Sie sich in die richtige Richtung bewegen, aber es bietet Ihnen nicht die gleiche Präzision oder den gleichen Einblick in die wirklichen Gedanken Ihrer Kunden. Deshalb ist es wichtig, sich auf Kennzahlen wie den Net Promotor Score – das EKG der Kundenerfahrung – zu verlassen.

Jeder im Unternehmen muss in irgendeiner Weise auf das Ziel fokussiert und mit eingebunden sein. Vom Vertrieb bis hin zum Service, von der Personalabteilung bis hin zum Marketing. Alle müssen sich darüber im Klaren sein, dass sie Teil des Erfolgs ihres Unternehmens sind. Dadurch wird nicht nur eine konsistente Vorgehensweise gewährleistet und die gesamte Energie in den richtigen Bestrebungen gebündelt, sondern auch die Möglichkeit geschaffen, uns für etwas wirklich Großes zusammenzuschließen und es zu erreichen – gemeinsam.

EX = CX

Es gibt noch einen letzten, wichtigen Teil des Kundenerfahrungs-Puzzles: Es mag widersprüchlich klingen, aber die Mitarbeiterzufriedenheit als Indikator für die „Employee Experience (EX)" ist ein ebenso wichtiger Faktor für das Kundenerlebnis wie die Tools und die Herangehensweise. Auch hier können integrierte Unternehmen Abhilfe schaffen. Wenn wir unseren Mitarbeitern die Arbeit erleichtern und ihnen alle Tools, Daten und Systeme an die Hand geben, um so effektiv wie möglich zu arbeiten, verbringen wir weniger Zeit mit banalen, langweiligen Aufgaben und haben mehr Zeit, uns auf die Wünsche der Kunden zu konzentrieren und mit ihnen zu interagieren. Die Arbeitsergebnisse verbessern sich und die Kunden erhalten einen besseren Service.

„Wir können so viel in Geld messen, wie wir wollen – wenn wir nicht verstehen, wie es unsere Kunden beeinflusst, werden wir nie ein echtes Verständnis für die Auswirkungen unserer Aktivitäten bekommen."

Die Zukunft der Erfahrung

Es ist schwierig, in so wenigen Worten zu vermitteln, wie wichtig mir das Ziel der Kundenerfahrung ist. Es treibt mich Tag für Tag an, 24 Stunden am Tag, 365 Tage im Jahr. Letztlich sind es tolle Erlebnisse, die glückliche Kunden hervorbringen. Wenn Sie also darüber nachdenken, wie Sie das Kundenerlebnis in Ihrem Unternehmen verbessern können, erinnern Sie sich an diese drei Tipps:

1. Organisieren Sie Ihre Prozesse richtig: Verwenden Sie die richtige Plattform, brechen Sie Silos auf und fördern Sie Integration.

2. Nutzen Sie die neuesten Tools, die durch Ihre Plattform verfügbar sind, um wirklich interne Veränderungen voranzutreiben.

3. Geben Sie Ihren Mitarbeitern dieselben Tools an die Hand: Beseitigen Sie Routinearbeiten und fördern Sie Mehrwert schaffende Aufgaben, die Kunden begeistern.

Wenn Sie es richtig anpacken, haben Ihre Mitarbeiter mehr Zeit für Kunden. Ihr Unternehmen kann diese Kunden besser verstehen und Sie können Lösungen entwickeln, die deren Anforderungen besser entsprechen. Und wenn wir diese Erfahrung auf jeder Ebene und in jedem Unternehmen zustande bringen, sind wir auf dem besten Weg, eine viel bessere Welt zu erschaffen.

BILL McDERMOTT

Der in New York geborene US-Topmanager Bill McDermott gilt als Vertriebsprofi durch und durch. Schon als Teenager begeisterte er sich für Kundenerlebnisse der besonderen Art und baute nach Schule und Studium mit einem Delikatessengeschäft zunächst ein eigenes Unternehmen auf. McDermott, der aus einfachen Verhältnissen stammt, hatte schon damals ein klares Ziel vor Augen: Er wollte Firmenchef werden. Es folgten Stationen bei diversen Wirtschafts- und IT-Unternehmen – fast zehn Jahre lang stand er an der Spitze des Walldorfer Software-Konzerns SAP. Seit 2019 lenkt er als CEO die Geschicke des amerikanischen Cloud-Dienstleisters ServiceNow, den er zum Spezialisten für digitale Geschäftsprozesse ausbauen will. Privat unterstützt er ein US-Hilfsprogramm, das sozial benachteiligten Jugendlichen eine Hochschulausbildung ermöglicht.

Kunden verstehen mit „Jobs to be done"

Wie lässt sich möglichst präzise erkennen und voraussagen, was Kunden wirklich wollen? Der US-Autor und Innovationsberater David S. Duncan hat hierfür eine ebenso einfache wie einleuchtende Antwort: Wenn ein Unternehmen ein Produkt entwickeln möchte, das bei den Kunden wirklich einschlägt, sollte es sich nicht so sehr auf das zu verkaufende Produkt konzentrieren, sondern darauf, welche Aufgaben die Kunden erledigt haben möchten. Ein Einblick in das „Jobs to be done"-Modell.

Manchmal sind und bleiben Kunden einfach ein Rätsel. Unternehmen haben mehr Daten über ihre Kunden als je zuvor und bessere Tools zur Analyse – und dennoch tun sie sich häufig schwer damit, zu begreifen, wer ihre Kunden eigentlich sind, was sie sich wünschen, warum sie Kunden verlieren und wie sie sie zurückgewinnen könnten.

Wie können wir also besser verstehen – und vorhersagen –, was für Kunden von wirklichem Mehrwert ist?

In diesem Gastbeitrag möchte ich Ihnen einen einfachen, aber sehr hilfreichen Ansatz vorstellen, der eine mögliche Antwort auf diese Frage liefert: das „Jobs to be done"(JTBD)-Modell.

Aus welchen Gründen treffen Kunden ihre Entscheidungen?

Denken Sie bitte einmal an alle Produkte und Dienstleistungen, die Sie tagtäglich nutzen. Zum Beispiel die Kleidung, die Sie tragen, die Lebensmittel, die Sie verzehren, die Tätigkeiten, die Ihnen Spaß machen, die Verkehrsmittel, die Sie nutzen, und so weiter. Gerade jetzt lesen Sie meinen Beitrag – dieses Buch gehört also auch zu den Produkten, für die Sie sich aktiv entschieden haben.

Ihre Liste kann sehr schnell auf mehrere Hundert Einträge kommen. Und für jedes dieser Produkte und jede dieser Dienstleistungen haben Sie – oder ein Mensch, der Ihnen nahesteht – sich irgendwann einmal entschieden.

Was veranlasst uns dazu?
Angesichts der Schwerpunktsetzung vieler Unternehmen lautet eine mögliche Antwort: Die Produkte selbst veranlassen uns zu einer Kaufentscheidung. Warum das so ist, wird klar, wenn man einmal darüber nachdenkt, wie sich ein Unternehmen typischerweise entwickelt. Zu Beginn gründet sich der Erfolg eines Unternehmens darauf, dass es ein Produkt entdeckt, das die Kunden auch tatsächlich kaufen. Dann verschiebt sich der Fokus und das Produkt soll in steigender Anzahl mit immer höherer Qualität und immer größerer Effizienz hergestellt und geliefert werden. Bei der Kundenbetreuung geht es vor allem um die Fragen, wie die Produkte verwendet werden, was die Kunden daran mögen oder auch nicht, wie die Produkte verbessert werden können und welche zusätzlichen Eigenschaften sich die Kunden wünschen. Anhand dieser Informationen wird die nächste Produktgeneration entwickelt, und der Kreislauf wiederholt sich.

Diese produktzentrische Sichtweise weist jedoch gewisse Ähnlichkeiten mit dem alten ptolemäischen Weltbild auf, das die Erde (und praktischerweise auch uns alle, die wir auf ihr leben) in den Mittelpunkt stellte und alles andere darum kreisen ließ. Inzwischen

wissen wir, dass dieses Weltbild die zu beobachtenden Bewegungen der Himmelskörper nicht erklären kann, und haben es durch eine Theorie ersetzt, die uns eine bescheidenere Rolle im Kosmos zuweist.

Ebenso lässt sich nur durch die Produkte selbst nicht zufriedenstellend erklären, warum Kunden manche Lösungen ganz toll finden und andere nicht. Also müssen wir weiter forschen und uns die Frage stellen, aus welchen tieferen Gründen wir überhaupt Produkte erwerben: Welche Probleme in unserem Leben möchten wir lösen oder welche Ziele möchten wir erreichen? Diese Probleme und Ziele sind in gewissem Sinne Aufgaben, die wir erledigt sehen wollen – oder auf Englisch: „Jobs to be done". Damit uns das gelingt, suchen wir passende Produkte oder Dienstleistungen – genau, wie wir jemanden damit beauftragen würden, auf unsere Kinder aufzupassen oder einen Rohrbruch zu reparieren.

Das ist das „Jobs to be done"-Modell in Kürze: Kunden entscheiden sich für bestimmte Produkte, weil sie dringende Aufgaben erledigt sehen möchten. Die Aufgabe ist also der Grund dafür, dass die Kunden überhaupt eine bestimmte Lösung suchen und sich dafür oder dagegen entscheiden. Folglich gilt: Wenn ein Unternehmen ein Produkt entwickeln möchte, das bei den Kunden wirklich einschlägt, sollte es sich nicht so sehr auf das zu verkaufende Produkt konzentrieren, sondern darauf, welche Aufgaben die Kunden erledigt haben möchten.

„Kunden entscheiden sich für bestimmte Produkte, weil sie dringende Aufgaben erledigt sehen möchten. Die Aufgabe ist also der Grund dafür, dass die Kunden überhaupt eine bestimmte Lösung suchen und sich dafür oder dagegen entscheiden."

„Die meisten Unternehmen konzentrieren sich vor allem darauf, wie gut ihre Produkte dem funktionalen Zweck dienen. Emotionale und soziale Aspekte können jedoch genauso wichtig sein – und manchmal sind sie die wahren Gründe für eine Kaufentscheidung.“

Die JTBD-Perspektive

Das JTBD-Modell lässt sich leicht beschreiben, wird es aber erstmal angewendet, kann es viele Dinge grundlegend umkrempeln. Aus dieser Perspektive lassen sich neue Erkenntnisse über Kunden gewinnen und damit auch neue Innovations- und Wachstumschancen eröffnen. An dieser Stelle möchte ich drei wesentliche Vorteile dieses Ansatzes beschreiben.

Erstens ergibt sich aus dem JTBD-Ansatz ein ganzheitlicheres Verständnis der Kundenwünsche. Er umfasst nämlich neben rein funktionalen Aspekten auch emotionale und soziale Dimensionen.

Der JTBD-Ansatz geht grundsätzlich davon aus, dass es den Kunden nicht nur um die Funktion geht (also ein praktisches Problem, das zu lösen ist, oder ein Ziel, das erreicht werden soll), sondern auch um Emotionen, die sie empfinden oder vermeiden möchten, und soziale Aspekte (also die Frage, wie wir zu anderen Menschen in Beziehung treten oder von ihnen wahrgenommen werden möchten).

Lassen Sie mich das am Beispiel eines Montblanc-Füllers erläutern. Diese Qualitätsprodukte dienen auf jeden Fall dem Zweck, damit „etwas zu schreiben". Diese funktionale Aufgabe lässt sich aber ebenso gut mit sehr viel preiswerterem Schreibgerät erledigen. Warum sollte man also einen Montblanc-Füller kaufen? Vielleicht verfolgen die Kunden auch ein emotionales Ziel – sie möchten sich „erfolgreich fühlen" – und ein soziales Ziel – sie möchten „ihren Erfolg gegenüber anderen zeigen". Ein Montblanc-Füller mit hervorragender Verarbeitung und hohem Preis eignet sich möglicherweise ideal dazu, all dies gleichzeitig zu erledigen.

Es ist häufig der Fall, dass wir mit einem Produkt oder einer Dienstleistung ein ganzes Bündel an funktionalen, emotionalen und sozialen Aspekten gleichzeitig erfüllen möchten. Die meisten Unternehmen konzentrieren sich nun vor allem darauf, wie gut ihre Produkte dem funktionalen Zweck dienen. Emotionale und soziale Aspekte können jedoch genauso wichtig sein – und manchmal sind sie die wahren Gründe für eine Kaufentscheidung.

Dies gilt selbst im B2B-Bereich, wo man glauben könnte, dass es nur um die Funktion gehe. Natürlich ist die Funktion wichtig, aber emotionale und soziale Aspekte können nichtsdestotrotz beträchtlichen Einfluss auf Kaufentscheidungen haben. So hat zum Beispiel ein Mitarbeiter im Beschaffungswesen in der Autoindustrie funktional gesehen die Aufgabe, die passenden Teile für eine neue Baureihe zu beschaffen. Zugleich möchte der Mitarbeiter wahrscheinlich sicher sein, dass die Teile rechtzeitig geliefert werden und von guter Qualität sind (emotionaler Aspekt), und seinen Chef damit beeindrucken, dass er eine sinnvolle Entscheidung getroffen und einen vorteilhaften Liefervertrag ausgehandelt hat (sozialer Aspekt).

Hier lässt sich ein zentraler Vorteil des JTBD-Ansatzes erkennen: Damit kann ein Unternehmen in vollem Umfang erfassen, was den Kunden am Herzen liegt, und diese Gesichtspunkte bei der Innovationstätigkeit berücksichtigen.

Zweitens zeigt der JTBD-Ansatz auf, mit welchen Wettbewerbern das Unternehmen wirklich konkurrieren muss.

Reed Hastings, einer der Gründer und CEO von Netflix, wurde einmal gefragt, ob Netflix seiner Meinung nach mit Amazon im Wettbewerb stehe. Er antwortete: „Im Grunde konkurrieren wir mit allem, wobei sich die Leute entspannen. Wir konkurrieren mit Videospielen. Wir konkurrieren mit einem entspannten Gläschen Wein. Das ist besonders schwierig! Wir konkurrieren mit anderen Videonetzwerken. Mit Brettspielen." Hastings sah ganz klar, dass sich die Kunden vor allem „entspannen" möchten. Und das bedeutet, dass Netflix nicht nur mit anderen Streamingdienstleistern konkurriert, sondern mit allem, was Menschen zur Entspannung tun.

Einer der größten Vorteile der JTBD-Sichtweise auf die Kunden ist es, dass die gesamte Bandbreite der Konkurrenz aufgezeigt wird. Dazu gehören natürlich ähnliche Produkte und Unternehmen, aber häufig auch Wettbewerber aus ganz anderen Bereichen, an die man sonst womöglich gar nicht denken würde.

„Einer der größten Vorteile der JTBD-Sichtweise auf die Kunden ist es, dass die gesamte Bandbreite der Konkurrenz aufgezeigt wird. Dazu gehören natürlich ähnliche Produkte und Unternehmen, aber häufig auch Wettbewerber aus ganz anderen Bereichen, an die man sonst womöglich gar nicht denken würde."

Das möchte ich an einem meiner Lieblingsbeispiele erläutern, das ich ausführlich in meinem Buch „The Secret Lives of Customers“ beschrieben habe: Erinnern Sie sich einmal an Ihren letzten Cafébesuch, bei dem Sie einen Kaffee (oder was auch immer) bestellt haben. Zu was sollte dieser Kaffee dienen?

Wenn ich diese Frage in einem Workshop stelle, reichen die Antworten in der Regel von funktionalen Aufgaben wie „einen Energiekick bekommen“ oder „konzentriert und wach bleiben“ über emotionale Aspekte wie „ein tägliches Ritual“ oder „ein kleiner Luxus zwischendurch“ bis zu sozialen Aufgaben wie „ein Vorwand für ein lockeres Gespräch“. Und Ihnen fallen bestimmt noch viele weitere Punkte ein.

Wir nutzen ein und dieselbe Lösung (ein Kaffee im Café) für all diese Aspekte, aber die konkurrierenden Lösungen unterscheiden sich beträchtlich. Um „einen Energiekick zu bekommen“, könnte man etwa auch zu einem Energydrink greifen, einen raschen Spaziergang machen oder aufputschende Musik hören. Um „ein lockeres Gespräch zu führen“, könnte man auch in eine Bar oder ein Restaurant gehen, mit jemandem telefonieren oder eine SMS schicken. Und so weiter und so fort.

Ein Unternehmen muss also genau wissen, wo überall Konkurrenten lauern, die bestimmte Aufgaben für einen Kunden erledigen können – denn nur dann kann es sie erfolgreich aus dem Feld schlagen. In unserem Beispiel steht der Caféinhaber gleichzeitig an mehreren Fronten im Wettbewerb und muss sie alle im Blick behalten, wenn das Café erfolgreich wachsen soll.

Und zuletzt schärft der JTBD-Ansatz den Blick dafür, was die Kunden als „gute Qualität“ empfinden.

Steve Jobs, der ehemalige CEO von Apple, hat einmal gesagt: „Jedes einzelne Produkt konzentriert sich auf bestimmte Punkte – wir lassen dies oder jenes weg – und die Kunden bezahlen uns dafür, dass wir mit unseren Lösungen diese Entscheidungen treffen. Wenn sie unsere Entscheidungen mögen, kaufen sie das Produkt, ansonsten lassen sie es.“

Dies ist eine ganz wichtige Erkenntnis: Jedes Produkt hat seine Vor- und seine Nachteile. Sein Erfolg hängt davon ab, ob diese Vor- und Nachteile dem entsprechen, was der Kunde als hochwertige Lösung ansieht.

„Jedes Produkt hat seine Vor- und seine Nachteile. Sein Erfolg hängt davon ab, ob diese Vor- und Nachteile dem entsprechen, was der Kunde als hochwertige Lösung ansieht.“

Der JTBD-Ansatz konzentriert sich auf die Frage, was aus Kundensicht eine qualitativ hochwertige Lösung ist, wenn es um die Erledigung einer bestimmten Aufgabe geht. Das ist häufig gar nicht das, was ein Unternehmen als hochwertig ansieht.

Lassen Sie mich das am Beispiel von Intuit erläutern. Intuit brachte im Jahr 1983 ein Softwareprogramm mit dem Namen Quicken auf den Markt, mit dem die Leute ihr Haushaltsbuch führen konnten. Es war bei privaten Kunden ein großer Erfolg. Und Intuit stellte noch etwas Interessantes fest: Kleinunternehmer nutzten Quicken ebenfalls für ihre Buchführung.

Das war insofern erstaunlich, als es sehr viel ausgefeiltere Software gab, die alle nur denkbaren Buchungsvorgänge ermöglichte (zum Beispiel doppelte Buchführung oder Audit Trails).

Letztendlich wollten Kleinunternehmer aber nur eine Basisausstattung für das Tagesgeschäft. Sie hatten häufig keine Ausbildung als Buchhalter und kamen mit der komplizierten Rechnungslegungssoftware nicht zurecht. Als Intuit das erkannte, entwickelte es QuickBooks – eine speziell auf Kleinunternehmer ausgelegte Buchhaltungssoftware, die professioneller Buchhaltungssoftware Konkurrenz machen sollte. Intuit war klar, dass Kleinunternehmer vor allem ihre Barbestände verwalten müssen. Deshalb ermöglicht QuickBooks vor allem die Nachverfolgung von Rechnungen, Bareinnahmen und Rechnungszahlungen.

Außerdem ist die Navigation einfach, sodass die Unternehmer wichtige Themen wie etwa überfällige Rechnungen rasch klären können. Und der interessanteste Punkt: QuickBooks enthält einen preislich „angemessenen“ Umfang mit den Buchhaltungsfunktionen, die tatsächlich benötigt werden – umfangreichere Funktionen, die aber auch die Nutzung erschweren würden, bleiben ausgeklammert. Kleinunternehmer setzten diese leicht bedienbare, schnelle Lösung innerhalb kürzester Zeit flächendeckend ein, und auf diese Weise übernahm QuickBooks den Markt.

Genau so wird das Programm noch heute verkauft. Auf der Internetseite von Intuit heißt es sinngemäß: „Ein Unternehmen zu führen ist schwierig genug – warum sollte die Buchhaltung auch kompliziert sein?“

Erste Schritte mit JTBD

Das sind nur einige mögliche Wege, wie der JTBD-Ansatz neue Erkenntnisse über Kunden und Marktchancen eröffnen kann; es gäbe noch viel mehr zu sagen. Der JTBD-Ansatz kann auch als Grundlage dafür dienen, ein Unternehmen und die Unternehmenskultur sehr viel kundenorientierter zu gestalten. Dafür müsste dieser im Unternehmen flächendeckend eingeführt werden.

Aber es reicht zunächst einmal, schlicht eine neue Frage zu stellen: Welche Aufgaben möchten unsere Kunden erledigt haben?

DAVID S. DUNCAN

arbeitet als Managing Director bei Innosight. Er hat es sich zur Aufgabe gemacht, Führungskräfte beim Aufbau von kundenorientierten Teams, Strategien und Unternehmensorganisationen zu unterstützen. Als Berater und Autor hat er sich umfassend mit der Frage befasst, wie Organisationen ihre Innovationsfähigkeit systematisch fördern können. In Theorie und Praxis gehört er zu den führenden Experten für das „Jobs to be done“-Modell. David S. Duncan ist ein gefragter Redner und Autor zu den Themen Innovation und Wachstum. In seinem jüngsten Buch „The Secret Lives of Customers“ (Hachette Publishing, Mai 2021) stellt er leicht erlernbare Konzepte und Methoden vor, mit deren Hilfe sich die Bedürfnisse von Kunden besser verstehen lassen. Die Inhalte werden dabei in eine spannende Detektivgeschichte eingebettet, in deren Verlauf die Geheimnisse des Kundenverhaltens aufgedeckt werden. Vor seiner Tätigkeit für Innosight arbeitete David S. Duncan als Berater für McKinsey & Company und erwarb einen PhD-Abschluss in Physik an der Universität Harvard.

Augmented Reality –
die Vermehrung der Welt

Als eine „Vermehrung der Welt“ – so ließe sich der Effekt von Augmented Reality (AR) am besten beschreiben. Tatsächlich macht AR mehr aus der wahrnehmbaren Realität. Bilder, Hologramme oder Animationen werden per Bildschirm, Smartphone, Brille, Headset oder Fenster ins Sichtfeld eingespielt und liefern zusätzliche Informationen. In den vergangenen Jahren sind so unterhaltsame, lehrreiche und nützliche Anwendungen erschaffen worden, die neuartige Erlebnisse für B2B- und B2C-Nutzer mit sich bringen – und schlussendlich auf die Kundennähe einzahlen. Industrie und Werbung, Handel, Medizin, Architektur und viele andere Bereiche machen sich die Technik heute schon zunutze.

Möbelkäufer fügen probehalber das virtuelle Modell eines Sofas ins heimische Ambiente ein. Chirurgen lassen sich während der Operation von holografisch aufbereiteten Röntgenbildern unterstützen. Fahrzeughersteller nutzen AR bei der Entwicklung von Fahrzeugkonzepten und Prototypen. Navigationsgeräte bieten Autofahrern mit hilfreichen Einblendungen in die Realität bessere Orientierung. Und die Spiele-App Pokémon Go hat AR weithin bekannt gemacht. Millionen Menschen haben sie auf ihren Smartphones genutzt und dem Unternehmen einen Milliardenumsatz beschert. Solche Beispiele zeigen, dass AR Kunden ein reicheres und oft auch emotionaleres Produkterlebnis ermöglicht und professionelle Anwender bei ihrer Arbeit unterstützen kann.

Der ganz große Durchbruch im Massenmarkt von AR ist trotz einzelner Erfolgsgeschichten noch nicht da. Aber Bekanntheit und Nutzung der Technologie steigen stetig an. Die Zahlen derer, die sie bereits bewusst genutzt haben – laut Bitkom sind es 16 Prozent – steigen ebenso wie die derjenigen, die sie in Zukunft nutzen wollen – 37 Prozent. Studien gehen davon aus, dass 2025 nahezu alle Smartphone-Nutzerinnen und -Nutzer regelmäßig AR verwenden werden. Für einen Erfolg spricht auch, dass der Meta-Konzern kürzlich eine AR-Brille für 2024 angekündigt hat, die das Metaverse erschließen soll. Apple arbeitet ebenfalls an einem ähnlichen Produkt. Wird AR die Welt so verändern, wie es das Smartphone einst geschafft hat? Die Wetten auf diese Zukunft laufen schon.

Pepsi – die junge Zielgruppe überraschen

Ufos am Himmel, Laserstrahlen verschießende Riesenroboter oder Tentakel, die aus der Kanalisation heraus nach Passanten greifen: 2014 überraschte eine AR-Kampagne des US-amerikanischen Getränkeherstellers PepsiCo nichts ahnende Menschen, die an einer Londoner Bushaltestelle warteten. Dank einer vermeintlichen Glasscheibe – in Wahrheit ein Bildschirm – wurden sie Zeugen unglaublicher Szenen, die sich auf einer ganz normalen Straße in der Innenstadt abspielten.

Verließen sie neugierig das Wartehäuschen und traten dabei neben den Bildschirm, verschwand der Spuk. Eine versteckte Kamera zeichnet die Reaktionen dieser AR-Kampagne für das zuckerfreie Getränk Pepsi Max auf, die von überrascht über amüsiert bis schockiert reichten. Geschickt zusammengeschnitten wurden die Filme auf YouTube hochgeladen, dort millionenfach angeschaut und geteilt.

„Das Ziel Kampagne war, aus der Marke Pepsi Max eine Art Verlagshaus zu machen", sagt Sebastian Micozzi, damals Marketingleiter von PepsiCo in einer Fallstudie. „Wir wussten, dass unsere Zielgruppe viel mehr Zeit an Online-Bildschirmen als an Offline-Bildschirmen verbringt. Noch wichtiger war aber ihr Verlangen nach ‚Social-Media-Währung', also nach Dingen, über die sie sich mit anderen austauschen konnten." Die AR-basierte Kampagne war in diesem Sinne also Mittel zum Zweck der Generierung von Inhalten und Klicks.

Der AR-Technologie ist PepsiCo treu geblieben. 2019 hat das Unternehmen auf über 200 Millionen Flaschen QR-Codes aufdrucken lassen. Darüber ließen sich Hunderte AR-Filter für Smartphones herunterladen, mit denen Nutzer ihre Bilder verändern konnten. Und 2022 hat Pepsi gemeinsam mit der Schnellrestaurantkette Pizza Hut die AR-Spiele-App „Score with Pogba" veröffentlicht, bei dem der Fußball-Superstar Paul Pogba eine tragende Rolle spielt.

Ikea – Möbel virtuell zu Hause ausprobieren

Es ist ein Problem, das wahrscheinlich alle kennen: Man schlendert durch ein Möbelhaus, schaut sich Schränke, Tische oder Sofas an und versucht sich vorzustellen, wie sie zu Hause aussehen würden. Ganz ähnliche Fragen an die eigene Fantasie stellen sich auch beim Browsen durch den Online-Katalog. Ob Farbe, Form, Maße und Anmutung wohl passen werden? Als erstes Einrichtungsunternehmen weltweit hat Ikea schon 2017 dafür eine Lösung gefunden: die „Ikea Place"-App für Smartphones, die zur Einkaufsberatung geschickt AR-Technologie einsetzt.

Etwa 3.000 3D-Modelle von Ikea-Möbeln stehen in dem integrierten Katalog der Place-App zur Verfügung. Mit einem Fingertipp werden sie ausgewählt und im Live-Bild platziert, das die Kamera von den eigenen vier Wänden aufnimmt. Dort lassen sich die Möbel beliebig drehen und im Raum hin und her bewegen, wobei sie sich immer maßstabsgetreu ins Bild einpassen, also je nach Entfernung größer oder kleiner werden. Wer sich dann immer noch nicht sicher ist, kann die Bilder oder Videos überdies abspeichern und in sozialen Netzwerken teilen, um Familie, Freunde oder andere um ihre Meinung zu bitten.

Zur App sagt Ikea selbst, dass sie nicht nur den Verbrauchern helfe, sondern auch den Zweck der AR-Technologie selbst weiter ausdefiniere. „Anders als bei der virtuellen Realität, die eine alternative Realität schafft, erweitert und verbessert AR die Realität, die direkt vor unserer Nase liegt", sagt Michael Valdsgaard von Inter IKEA Systems, der weltweiten Franchise-Tochter der Ikea Group. Die technische Basis für die App ist das sogenannte AR-Kit von Apple, eine Software, die das Entwickeln von AR-Apps vereinfacht und Mitte 2022 in der 6. Version erschienen ist.

Volkswagen – Navigationshinweise leichter verstehen

Navigationssysteme für Autos gibt es seit 1983, als Blaupunkt das erste Gerät auf den Markt brachte. Bildschirm und GPS fehlten damals, die Daten reichten nur für die Innenstadt von Hildesheim und waren auf Kassette gespeichert. Heute sind die „Navis" unverzichtbare Assistenzsysteme, die allerdings zwei Nachteile haben: Der Blick des oder der Fahrenden wird abgelenkt, und die gezeigten Anweisungen sind nicht immer leicht zu interpretieren.

Dem schafft Volkswagen seit 2020 mit einem Navigationssystem für die „ID."-Modelle Abhilfe, das Informationen auf die Windschutzscheibe projiziert. Sogenannte Head-up-Displays (HUD), die so heißen, weil der Kopf zum Betrachten nicht gesenkt werden muss, gibt es anderswo zwar auch. Neu ist die Ergänzung mit AR: Die Anzeige auf der Scheibe wird verbessert, indem die Hinweise einige Meter vor dem Fahrzeug zu schweben scheinen und sich direkt in die Realität integrieren.

Grüne Balken markieren vorausfahrende Fahrzeuge, wenn der Abstand weit genug ist, rote, wenn er zu nahe ist. Blaue Richtungspfeile schweben genau dort über der Fahrbahn, wo abgebogen werden soll. Beim Näherkommen werden sie größer und verblassen gleichzeitig. Diese Darstellung biete ergonomische Vorteile, da sie den kognitiven Aufwand für die Interpretation der Informationen reduziere, erläutert Dr. Alexander Kunze, AR-Spezialist bei Volkswagen.

Technisch basiert das AR HUD auf einem im Armaturenbrett montierten, sehr hellen LCD-Display, dessen Lichtstrahlen so gelenkt werden, dass die nahe und ferne Ebene voneinander getrennt erscheinen. Gesteuert wird das Display vom sogenannten AR Creator, einer Recheneinheit, die Daten der Frontkamera, des Radarsensors und der Navigationskarte nutzt, um die Hinweise korrekt anzuzeigen und sie gegenüber den Bewegungen des Autos zu stabilisieren.

BMW – schneller gemeinsam entwickeln

Die Entwicklung eines neuen Fahrzeugs ist für jeden Hersteller ein Kraftakt. Einige Jahre und mehrere Milliarden Euro verschlingt der Prozess, an dessen Ende ein Automodell vom Band läuft, das zwischen sechs und acht Jahre lang verkauft werden soll. Für die Hersteller sind daher kürzere Modellzyklen ein über den Erfolg mitentscheidender Faktor. Bereits seit 2020 nutzt BMW bei der Entwicklung von Fahrzeugkonzepten und Prototypen in einem Münchner Pilotwerk eine AR-Anwendung. Mit Erfolg: Die Zeitersparnis bei der Gestaltung einzelner Bereiche des Fahrzeugs bis hin zu den komplexen Produktionsschritten beträgt bis zu zwölf Monate.

Die Entwicklerinnen und Entwickler tragen bei ihrer Arbeit eine AR-Brille, mit deren Hilfe beispielsweise eine real vor ihnen stehende Karosserie mit maßstabsgetreuen 3D-Modellen einzelner Teile ergänzt werden kann. Sie sind digital mit dem Managementsystem für die Produktdaten verbunden und ziehen per Drag & Drop CAD-Dateien von Bauteilen auf ihre Brille. Durch einfache Handbewegungen können Größe, Position und Winkel der Bauteile verändert werden. Außerdem erleichtert das System auch die Zusammenarbeit der Teams, die ortsunabhängig gemeinsam Konzepte und Designs prüfen können.

In kurzer Zeit lassen sich so verschiedene Varianten eines zukünftigen Serienfahrzeugs inklusive der Montageprozesse kostengünstig ausprobieren und beurteilen. „Mithilfe der AR-Brillen und der CAD-Daten der Prototypen können wir nun viel schneller nachvollziehen, ob der Fertigungsmitarbeiter das Bauteil später im Serienprozess optimal montieren kann", sagt Michael Schneider, Leiter Absicherung Gesamtfahrzeug im Pilotwerk. „Damit können wir die Zahl der erforderlichen Testaufbauten deutlich reduzieren."

Mister Spex – online die passende Brille finden

Ob die Brille passt oder nicht, ist eine ganz persönliche Entscheidung, die von einer großen Zahl Menschen immer wieder aufs Neue getroffen werden muss: Immerhin tragen 41 Millionen Deutsche eine Sehhilfe. Früher stand beim Wechsel des Brillenmodells der Besuch im Fachgeschäft an, heute geht das natürlich auch im Internet. Aber kann man eine Brille denn online so richtig ausprobieren? Das seit 2021 börsennotierte Berliner Omnichannel-Unternehmen Mister Spex zeigt, wie Beratung und Verkauf in allen möglichen Fällen – im

Laden, online und zu Hause – heute funktionieren kann. Vor allem der Onlineshop ist innovativ. Schon 2011 hat Mister Spex dort die Möglichkeit zur virtuellen Anprobe auf der Webseite eingeführt und seitdem ständig technisch optimiert.

Heute funktioniert das so: Zunächst hält man das eigene Gesicht nach Anleitung vor die Webcam, dreht den Kopf nach links und nach rechts, eine Aufnahme wird gemacht, fertig. Dank der AR-Technologie kann man sich nun jedes als 3D-Modell verfügbare Brillengestell selbst auf die virtuelle Nase setzen und seinen eigenen virtuellen Kopf beliebig hin und her bewegen. „Wir sind davon überzeugt, dass AR ein extrem realitätsnahes Bild der Produkte zeigen kann und bei großer Auswahl eine sehr gute Orientierung gibt“, erläutert Katrin Kapteyn, Chief Product Officer bei Mister Spex. Damit sind die Möglichkeiten der AR-Anwendungen für den Brillenverkauf aber noch nicht erschöpft. „Weiteres Potenzial sehen wir in der Produktion von „Custom made frames“, also bei der Fertigung individuell auf die jeweilige Gesichtsgröße angepasster Brillenformen, die anhand von virtuellen Tools ausgemessen und von Kundinnen und Kunden nach Wunsch in Auftrag gegeben werden.“

CAD Schroer – Maschinen und Anlagen zum Leben erwecken

Konstrukteure, Anlagenbauer und Fabrikplaner gehören zu den Kunden des 1986 gegründeten Unternehmens CAD Schroer, das damals mit Ingenieurdienstleistungen auf Basis des Computer Aided Design (CAD) startete. Heute ein weltweit agierender Systementwickler, hat CAD Schroer bereits vor zehn Jahren die Software für CAD und Anlagenbau um AR- und VR-Lösungen erweitert. So lassen sich die 3D-Daten, die beim Design und der Konstruktionsplanung von Maschinen und Anlagen erstellt wurden, für weitere Zwecke verwenden, beispielsweise in Planung, Marketing, Vertrieb und Schulung. „Unsere Kunden können unsere AR-Technologien dazu einsetzen, ihre Produkte sprichwörtlich zum Leben zu erwecken und diese gar um weitere Informationen oder Animationen zu ergänzen“, sagt Michael Schroer, Geschäftsführer der CAD Schroer GmbH.

Auf Basis der vorhandenen 3D-Daten baut CAD Schroer AR-Apps, mit denen sich Maschinen und Anlagen auf besonders plastische Weise vorführen lassen. Auf einem Smartphone oder Tablet können sie aus jeder Perspektive im virtuellen Betrieb betrachtet und auf Fingertipp auch auseinandergenommen werden, um technische Details zu zeigen. Auch bei Wartungsarbeiten helfen die Daten den Mitarbeitern, indem sie mit entsprechenden Einblendungen an der realen Maschine die Demontage und Montage der nötigen Teile vorführen. In der Entwicklung sind durch AR die üblicherweise real gebauten und kostspieligen Prototypen nicht mehr nötig. „Egal wie groß die Produkte unserer Kunden sind, sie haben diese mit unseren Apps immer in der Tasche mit dabei. Die Anwendungsmöglichkeiten der AR sind nahezu unbegrenzt und wir entdecken gemeinsam mit unseren Kunden immer mehr Wege, diese in einem Unternehmen einzusetzen", so Schroer.

Asklepios Klinik Altona – Bilder besser deuten und präziser operieren

Chirurginnen und Chirurgen stützen sich bei ihren oft komplexen Operationen auf Röntgen-, MRT- oder CT-Bilder, um sich in dem vor ihnen liegenden menschlichen Körper zurechtzufinden. Das Problem bei den Daten dieser klassischen Bildgebungsverfahren ist: Der Körper ist dreidimensional und farbig, die Bilder sind aber nur zweidimensional und schwarz-weiß. Bei jedem Wechsel des Blicks vom Körper auf das Bild und andersherum ist eine Übersetzungsleistung erforderlich. AR kann dieses Problem auf innovative Weise lösen.

Professor Dr. Lars Gerhard Großterlinden, Chefarzt des Zentrums für Orthopädie, Unfallchirurgie und Wirbelsäulenchirurgie an der Asklepios Klinik Altona, trägt seit 2019 bei besonders komplexen Operationen eine AR-Brille. Dank ihr kann er sich von einem AR-System unterstützen lassen, das zweidimensionales Bildmaterial in farbige, dreidimensionale Hologramme umwandelt und vor ihm in den Raum projiziert. „Informationen, die uns durch die Bildgebungsverfahren ohnehin vorliegen, können wir damit viel besser nutzen, und zwar direkt während der OP. Durch die 3D-Bilder wird die Deutung viel einfacher", erklärt Großterlinden.

Die visuellen Informationen kann er während der Operation gesten- und sprachgesteuert nach Belieben ein- und ausblenden oder wegschieben. So lässt die AR-Brille den Blick während der Operation bei Bedarf auch frei hindurch, Großterlinden muss sie also nicht immer wieder auf- und wieder absetzen. „Wir sehen genau, wo welche Nervenbahnen und Strukturen verlaufen und können extrem präzise operieren. Das minimiert die Risiken und erhöht die Qualität unserer medizinischen Versorgung", so der Chefarzt. Die Brille namens Hololens wird ebenso von Microsoft hergestellt wie die Software Virtual Surgery Intelligence (VSI), die künstliche Intelligenz und maschinelles Lernen nutzt.

Auf dem Weg in neue Sphären

Durch die Anwendung von AR-/VR-Technologie wird nicht nur der Kaufprozess erleichtert, sondern ein vollkommen neues Kundenerlebnis geschaffen. Wie aber sehen das die Kunden? Sind sie bereit für die neue Dimension des Kaufens? Und welche Möglichkeiten bietet der deutsche Markt momentan?

Haben Sie schon einmal AR-Technologie verwendet, um etwas online zu kaufen?

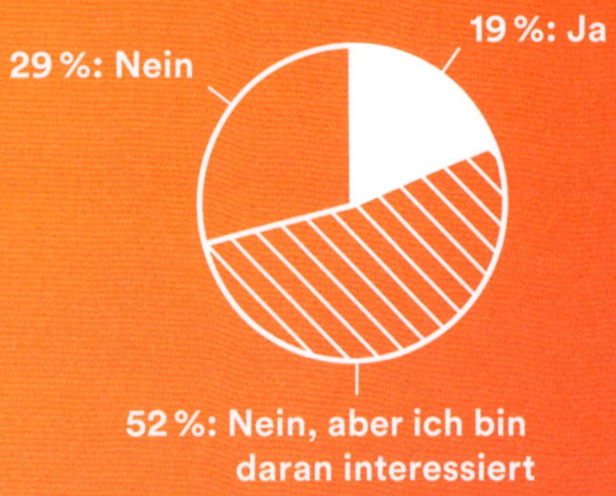

Welche Art von Produkten haben Sie mit AR online gekauft? Wählen Sie alle zutreffenden Optionen aus:

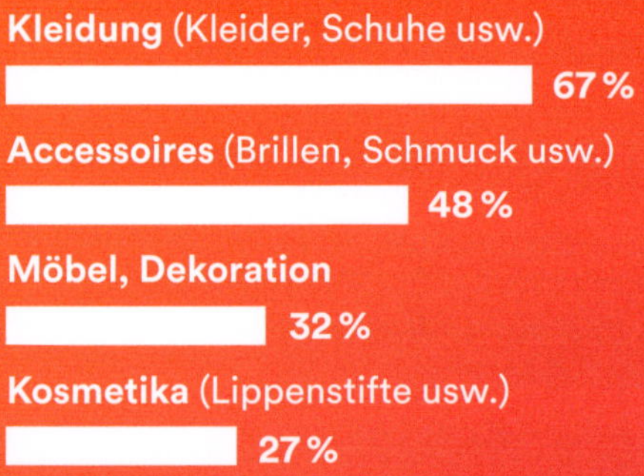

Nutzung von AR im Online-Handel: 18–25-Jährige nutzen AR im Online-Handel mit 32 % deutlich öfter als Menschen der Altersgruppe 36–45 mit 18 %.

Quelle: Zusammenfassung der GetApp-Studie zur Nutzung von AR und VR im Handel 2020 (bit.ly/3OzJVPt)

---

42 %

aller globalen Retouren aus Online-Käufen von Kleidung könnten vermieden werden, wenn AR während des Einkaufs angeboten würde.

Quelle: Future of Shopping, Global Report 2021, Foresight Factory im Auftrag von Snap Inc. (bit.ly/3GGeAlW)

~2/3

der deutschen XR (Mixed-/Augmented-/Virtual-Reality)-Unternehmen arbeiten ausschließlich oder überwiegend im B2B-Bereich für folgende Kundengruppen:

- Verarbeitendes Gewerbe (hauptsächlich Automobilindustrie und Maschinenbau): 67,8 %
- Kunst und Unterhaltung: 52,9 %
- Medien, Information und Kommunikation: 42,9 %

Quelle: Cross Reality in Deutschland 2021, TH Köln im Auftrag des Mediennetzwerkes NRW (bit.ly/3tSYkwO)

Gründe und Vorteile der AR-Nutzung im Online-Shopping aus Sicht der Nutzer (Mehrfachnennung erlaubt):

- Erleichterte Kaufentscheidung, weil man sich das Produkt besser vorstellen kann: 49 %
- Größere Produktauswahl: 42 %
- Effizienterer, schnellerer Kauf: 40 %
- Spaß an neuen Technologien: 40 %
- Reduziertes Gesundheitsrisiko in der Pandemie: 35 %

Quelle: Zusammenfassung der GetApp-Studie zur Nutzung von AR und VR im Handel 2020 (bit.ly/3OzJVPt)

Wie deutsche XR-Unternehmen den Markt einschätzen

Potenziale von AR-Angebotsformen in den nächsten 18 Monaten:

Quelle: Cross Reality in Deutschland 2021, TH Köln im Auftrag des Mediennetzwerkes NRW (bit.ly/3tSYkwO)

>40 %

beträgt die jährliche globale Wachstumsrate für mobile AR-Anwendungen in den nächsten Jahren.

Quellen: Mobile Augmented Reality Market, Forecast 2022–2026 (bit.ly/3i5Dwzv)
Augmented Reality Market, Market Research Future, Forecast 2022 – 2030 (bit.ly/3TWMBYs)

Warum es für einen bunten Handel keinen neuen Anstrich braucht

Eine inklusive Firmenkultur stärkt Unternehmen nach innen und treibt die Umsätze nach oben. Dies gilt auch für die Handelsbranche. Noch gibt es erst wenige Vorreiter, die konsequent auf ein nachhaltiges Diversity Management setzen. Doch das dürfte sich bald ändern, prognostiziert Dara Kossok-Spieß, Expertin für Digitalisierung und Netzpolitik beim Handelsverband Deutschland.

Unsere Gesellschaft ist divers – weiblich, nicht binär, behindert, lesbisch, immer älter, religiös oder auch nicht, geprägt durch einen Pluralismus von Lebensstilen und der Vielfalt ethnokultureller Einflüsse. Dies zeigt sich in Unternehmen, auf der Ladenfläche und beim täglichen Shopping. Sprich: „Der Handel ist bunt!" Doch was steckt hinter dieser bekannten Floskel? Wie werden Diversity, Equity & Inclusion (DEI) von Unternehmen gelebt? Was wollen die Kund:innen? Und: Von welchen Pionieren können wir lernen?

Der pinke Elefant im Raum – wieso wir an Diversity nicht vorbeikommen

Während manche noch hoffen, Diversity sei ein Trend und würde (an ihnen) vorbeigehen, sind sich Konsument:innen in Umfragen einig: Der HDE-Online-Monitor 2022 zeigt, dass Unternehmensteams mit hoher Diversität in allen Aspekten positiver bewertet werden als nicht diverse. Sie werden als freundlicher, kompetenter, moderner und vertrauenswürdiger eingestuft[1]. Dieser Kundeneindruck deckt sich mit weiteren Studienergebnissen und Praxisbeispielen: Wo Diversity gut gemanagt wird, entstehen Innovation und Fortschritt. Überdurchschnittlich diverse Unternehmen erzielen 19 Prozent höhere Gewinne[2]. Diversity auf Geschäftsführungs- oder Vorstandsebene stärkt die Profitabilität: bei einem hohen Frauenanteil um 25 Prozent und bei ethnischer und kultureller Vielfalt sogar um 36 Prozent[3]. Effizientes Diversity Management wirkt nicht nur ins Schaufenster, sondern stärkt in erster Linie die Mitarbeiterschaft und schafft neben gesellschaftlicher Verantwortung unternehmerischen Mehrwert. Eine Studie von McKinsey & Company[4] betont, dass eine inklusive Unternehmenskultur der entscheidende Faktor sei, um sowohl die Vielfalt im Unternehmen zu stärken, als auch den Unternehmenserfolg nachhaltig zu verbessern.

Schon heute lohnt es sich also, in Diversity Management zu investieren – erst recht, wenn Unternehmen auch in Zukunft erfolgreich Geschäfte machen wollen. Ob als Fachkraft oder Kund:in, insbesondere die jüngere Generation misst der Haltung und den Aktivitäten eines

Unternehmens mit Blick auf DEI sowie der Passung von eigenen und Unternehmenswerten einen großen Stellenwert zu[5]. Für ein Drittel der 14- bis 29-jährigen Konsument:innen sind Diversity-Aspekte (etwa gendergerechte Sprache, ausgewogene Bildauswahl) ein Grund für oder gegen einen Onlineshop[6]. Sprich: Wer auch in Zukunft Kund:innen erreichen will, muss frühzeitig die Bedeutung von Diversity verstehen und Vielfalt unternehmerisch leben.

Diversity ≠ Equity ≠ Inclusion

Auf Deutsch steht DEI für Vielfalt (Diversity), gerechte Teilhabe (Equity) und eine inklusive Kultur (Inclusion). Häufig werden diese drei Begriffe in einem Atemzug genannt, allerdings haben sie keineswegs dieselbe Bedeutung. Das Vorhandensein von Unterschieden führt nicht automatisch zu gleichen Chancen für alle oder einer wertschätzenden Kultur ebendieser Unterschiede. Doch was genau wird unter diesen Begriffen verstanden und wieso ist es wichtig, die Unterschiede sowie das Zusammenwirken dieser Konzepte zu verstehen? Diversity (Vielfalt) beschreibt die Vielfalt einer Gruppe. Der Begriff fasst die unterschiedlichen Dimensionen und Kategorien zusammen, in denen sich Menschen voneinander unterscheiden und die jeden einzigartig machen. Dabei gibt es sieben Kerndimensionen sowie äußere und organisationale Faktoren, die relevant sind, um Vielfalt in Unternehmen zu verstehen. Häufig erfahren bestimmte Gruppen aufgrund individueller Ausprägungen dieser Dimensionen Benachteiligungen oder Ausgrenzungen in verschiedenen Situationen. Equity (gerechte Teilhabe) bedeutet, dass Menschen ungeachtet ihrer Diversity-Dimensionen dieselben Chancen haben, ein bestimmtes Ziel zu erreichen. Equity wird dabei oft fälschlicherweise austauschbar mit dem Begriff Equality genutzt, allerdings haben die beiden Begriffe unterschiedliche Bedeutungen. Denn Equality bezeichnet die formale und rechtliche Gleichbehandlung von Personen und Personengruppen, wodurch vorhandene Ungleichheiten aufrechterhalten werden.

Inclusion (Inklusion) bezieht sich auf die Gestaltung einer Kultur, in der sich jede Person in der eigenen Einzigartigkeit wertgeschätzt und als Teil des Ganzen fühlt, ohne sich verstellen zu müssen. Eine inklusive Kultur muss im Großen und Kleinen aktiv gestaltet werden und ist Voraussetzung dafür, das volle Potenzial einer vielfältigen Gruppe auszuschöpfen. Vielfalt muss also ergänzt werden durch Chancengleichheit und Fairness in Prozessen und Systemen sowie durch eine inklusive Kultur, die Zusammengehörigkeit stärkt. Dafür braucht es aktive und mutige Schritte zur Veränderung.

„Das Vorhandensein von Unterschieden führt nicht automatisch zu gleichen Chancen für alle oder einer wertschätzenden Kultur ebendieser Unterschiede.“

„Wer auch in Zukunft Kund:innen erreichen will, muss frühzeitig die Bedeutung von Diversity verstehen und Vielfalt unternehmerisch leben."

Nichts ist so praktisch wie eine gute Theorie – Diversity leben

Gibt es diese? Und wer schreitet voran? Die Diversity Offensive des Handels fragt dies gemeinsam mit Google Deutschland und der Wirtschaftsprüfungsgesellschaft PricewaterhouseCoopers in ihrer Studie „Diversity, Equity & Inclusion – wie reif ist der Handel?". Die Ergebnisse zeigen, dass DEI für viele kleine und mittlere Unternehmen (KMU) noch nicht präsent sind. Vor der Teilnahme an der Umfrage kannte lediglich ein Viertel der 334 befragten KMU das Konzept. So überrascht es kaum, dass sich bisher etwa vergleichbar wenige KMU mit den Themen im eigenen Unternehmen beschäftigt haben. Selbst wenn die Unternehmen DEI schon als relevant erkannt haben, gibt es selten eine Person, die dafür zuständig ist. Doch die Bedeutung von DEI wandelt sich und wird zunehmend als ein zentrales Zukunftsthema mit steigender Relevanz gesehen.

Bei den 52 Großunternehmen aus der Handelsbranche mit mehr als 250 Mitarbeitenden sieht es ähnlich aus. Die Studie[7] zeigt, dass der Großteil von ihnen tendenziell am Anfang der Entwicklung steht. Nur wenige Spitzenreiter des deutschen Handels verankern bereits DEI als strategischen Grundpfeiler in allen Bereichen und können als Pioniere eingestuft werden. Einiges haben alle Pioniere gemeinsam: Sie gehen DEI ganzheitlich an, etablieren das Thema auf der obersten Führungsebene und vernetzen die Mitarbeitenden, um den Austausch und das Verständnis füreinander zu fördern. Ein solcher Vorreiter ist die Rewe Group. Für Dr. Petra Meyer-Ochel, Bereichsleiterin Center of Excellence Personalentwicklung Handel Deutschland, sind folgende Dinge zentral: „Das aktive Commitment der Führungsebene sowie das (Vor-)Leben der Werte Vertrauen, Offenheit, Respekt und Wertschätzung innerhalb der Kultur der Organisation. Und nicht zuletzt der Faktor Zeit. Wenn man bei Vielfalt und Chancengleichheit vorankommen möchte, heißt es dranbleiben."

Für gelebte Diversity in der Branche bedeutet dies: Es braucht mehr Mut zum Handeln, damit DEI die notwendige Aufmerksamkeit bekommen und so ganzheitlich in den Unternehmensstrukturen verankert werden können. Hier können und sollten wir von denen lernen, die vorangehen. Sie zeigen, wie Diversity Management gelingen kann.

Ein großer pinker Farbeimer – wie Diversity Management nicht geht

Ein buntes Poster am Eingang, eine Regenbogenfahne zum Aktionstag, vielleicht eine nominelle Botschafter:in zum Thema ohne Zugang zur Geschäftsführung und Befugnisse: So geht Diversity Management nicht.

Die Studie der Diversity-Offensive des Handels[8] zeigt, dass DEI in den Bereichen Kultur und Kommunikation organisational stärker verankert ist, während Governance und Messbarkeit, Wertschöpfung und HR-Prozesse noch weiter am Anfang stehen. Dieser zersplitterte Fokus auf Diversity Management im Unternehmen birgt die Gefahr von nicht nachhaltigen Einzelmaßnahmen oder sogar Pinkwashing; sprich, Diversity rein kommunikativ zu plakatieren, statt es organisationsübergreifend zu leben. DEI als strategische Grundpfeiler in allen Bereichen zu verankern, ist deshalb der entscheidende Schritt zu gelebter Diversity.

Ein anderer wirksamer Schritt für mehr DEI in Unternehmen sind explizite und messbare DEI-Ziele, etwa die Erhöhung der Anzahl weiblicher Mitarbeitender in Führungspositionen. Grundsätzlich gilt: Führungskräften kommt eine Schlüsselrolle zu, wenn es darum geht, DEI-Maßnahmen erfolgreich umzusetzen. Außerdem braucht es eine klare Verortung der Verantwortung für die Themen auf oberster Managementebene, das heißt auf der Ebene der strategischen Unternehmensentscheidungen. So können Maßnahmen strategisch gebündelt, begleitet und überwacht werden.

Wie in jedem komplexen Veränderungsprozess steht und fällt der Erfolg von DEI-Maßnahmen letztlich mit der Frage, ob die Organisation und ihre Mitarbeitenden das Thema verkörpern. Dafür sollte sichergestellt werden, dass DEI im Unternehmen als Werte verankert sind und durch kontinuierliche Kommunikation Sichtbarkeit geschaffen wird. Mitarbeitenden sollten dabei die Möglichkeit und der Raum gegeben werden, sich persönlich zu engagieren.

DARA KOSSOK-SPIESS

Dara Kossok-Spieß leitet die Bereiche Digitalisierung und Netzpolitik beim Handelsverband Deutschland e. V. (HDE). Dort initiierte sie 2020 die Diversity Offensive des Handels, die sich mit Vielfalt, Diversity Management und einer diskriminierungsfreien Handelswelt auseinandersetzt. Gesellschaftlich engagiert sich Kossok-Spieß als Fraktionsvorsitzende in der Kommunalpolitik und im Landesvorstand von Bündnis 90/Die Grünen und dem intersektionalen Netzwerk SWANS Initiative, deren Gesellschafterin sie ist. Zuvor hat sie als politische Kommunikationsberaterin national und international für Medien und die Wissenschaft gearbeitet. Sie hat Politik, Verwaltung und Wirtschaftsrecht in Deutschland, Lettland und Russland studiert.

Ein Ende, das ein Anfang sein möchte

Von der Kanzlerin im Supermarkt bis zum Kind im Einkaufszentrum – der Handel bietet Raum für Begegnungen aller Teile der Gesellschaft. Als gesellschaftliche Kontaktfläche mit allen Menschen bildet er den Querschnitt der Bevölkerung ab. Die Floskel, der Handel sei bunt, ruht daher nicht nur in der Bedeutung des Handels als einer der größten Arbeitgeber, sondern auch in der Funktion als Begegnungsort unterschiedlichster Menschen. Deshalb ist der unternehmerische Einsatz für DEI für viele Händler:innen ein Selbstverständnis und eine Frage der Kultur.

Erst wenn wir anfangen, Diversity Management nicht als „nice to have", sondern als fundamentalen Bestandteil aller Geschäftspraktiken zu sehen, ermöglichen wir modernen und zukunftsfähigen Handel für alle. Ob Mitarbeitende, Geschäftsführung oder Kunden – das Schöne ist: Jede:r kann diesen Wandel täglich mitgestalten.

---

[1] HDE Online-Monitor 2022, S. 35

[2] Lorenzo & Reeves, HBR 2018 (https://hbr.org/2018/01/how-and-where-diversity-drives-financial-performance)

[3, 4] McKinsey & Company 2020 (https://www.mckinsey.de/~/media/mckinsey/locations/europe%20and%20middle%20east/deutschland/news/presse/2020/2020-05-19%20diversity%20wins/report%20diversity-wins-how-inclusion-matters%202020.pdf)

[5] Lewis, 2021 (https://www.teamlewis.com/heforshe/)

[6] HDE Online Monitor 2022, S. 36

[7, 8] „Diversity, Equity & Inclusion – wie reif ist der Handel?", Handelsverband Deutschland in Zusammenarbeite mit PWC Deutschland und Google Deutschland, https://einzelhandel.de/component/attachments/download/10636

Den einzelnen Reisenden im Blick

Corona, der Ukraine-Krieg und nicht zuletzt der Klimawandel haben die Welt des Reisens verändert. Die Menschen buchen kurzfristiger, fordern Rücktrittsgarantien ein und wünschen sich immer häufiger personalisierte Angebote, die ihnen maßgeschneiderte Reiseerlebnisse versprechen. Massentaugliche Pauschalangebote haben zunehmend ausgedient. Das zwingt vor allem die Big Player der Branche zum Umdenken. Welche Wege die großen Reiseveranstalter beschreiten, um den einzelnen Kunden und seine Wünsche in den Mittelpunkt zu stellen.

Gespannt versammeln sich die Gäste auf dem Deck des Expeditionsschiffs, das gerade zu seiner Tour in die arktische See aufbricht. Auf die kleine Gruppe wartet eine Abenteuerreise zu einigen der entlegensten Orte der Welt: vom nördlichsten aktiven Vulkan der Erde über die raue und spektakuläre Küstenlandschaft Spitzbergens bis hin zum von Eisbergen umgebenen Grönland. Jeder Tag hält neue Erfahrungen und Gänsehautmomente bereit. Die Reisenden erhalten Einblick in das authentische Leben der Grönländer, können Wissenschaftlern bei ihrer Forschungsarbeit unter die Arme greifen und nehmen an Expeditionen mit Wildtierbeobachtungen teil. Mit etwas Glück bekommen sie dabei sogar einen Eisbären zu Gesicht. „Wir legen größten Wert darauf, die Reise zu einem individuellen und authentischen Erlebnis zu machen und gleichzeitig jeden Teil der Reise so nachhaltig und umweltschonend wie möglich zu gestalten", sagt Heiko Jensen, Vice President Sales Europe von Hurtigruten. Dieses besondere Reiseerlebnis, das sich sehr von einer „normalen" Kreuzfahrt unterscheidet, scheint der Garant für den Erfolg der norwegischen Reederei zu sein. Denn das Seereiseunternehmen, dessen Geschichte bis ins Jahr 1893 zurückreicht, weiß sich im hart umkämpften Kreuzfahrtmarkt zu behaupten. So wurde Hurtigruten zur beliebtesten Kreuzfahrt-Marke 2021 der Deutschen gekürt.[1]

Auf der Suche nach dem individuellen Reiseerlebnis

Trendforscher konstatieren schon seit geraumer Zeit den wachsenden Wunsch von Reisenden nach dem Besonderen, ein Bedürfnis nach Individualität und Authentizität, das in krassem Gegensatz zum Massentourismus steht. Das Zukunftsinstitut geht in seiner aktuellen Trendstudie[2] davon aus, dass die Pandemie diesen Individualisierungstrend im Tourismus noch verstärkt hat. Weil sich die Bedürfnisse und Erwartungen der Reisenden während der Krise verändert haben, erscheine dem einen oder anderen der Massentourismus als leere Hülse. „Statt schnellem und schnell vergessenem Kick, dekadentem und kurz betäubendem Luxus oder stumpfen Wiederholungen von Strand und Buffet werden nun andere Qualitäten gesucht, die nachhaltige Eindrücke hinterlassen", so die Tourismusexpertin des Zukunftsinstituts Anja Kirig. Unter dem Oberbegriff des „Resonanz-Tourismus" fasst sie den wachsenden Wunsch vieler Reisender nach Beziehungserfahrungen zusammen. Künftig wird es wohl vermehrt darum gehen, dass die Tourismusindustrie individuelle Angebote schafft, die sowohl neue Erfahrungen, menschliche Begegnungen und positive

„Statt schnellem und schnell vergessenem Kick, dekadentem und kurz betäubendem Luxus oder stumpfen Wiederholungen von Strand und Buffet werden nun andere Qualitäten gesucht, die nachhaltige Eindrücke hinterlassen.“

Anja Kirig, Tourismusexpertin Zukunftsinstitut

Emotionen bieten. Dabei achten die Urlauber bewusst darauf, wie nachhaltig, solidarisch und sozial die Unternehmen agieren, eben um mit einem positiven Gefühl so reisen zu können, wie es ihren Vorlieben entspricht. Nicht nur Reiseziele, sondern auch Veranstalter werden bewusster gewählt.

Hinzu kommt, dass sich das Verbraucherverhalten und -bewusstsein auch durch die Coronakrise verändert hat. Lockdowns und Reisebeschränkungen brachten die Branche fast komplett zum Erliegen. Nach zwei kräftezehrenden und vielfach existenzbedrohenden Pandemiejahren war die Urlaubssaison 2022 somit ein dringend benötigter Neustart für Reiseveranstalter, Hotellerie und Gastronomie. Doch das Comeback gelang vielerorts nur holprig. Denn die Branche hat nach wie vor mit den Nachwehen der Coronakrise zu kämpfen. So mangelt es bis heute fast überall an qualifizierten Arbeitskräften, da während der pandemiebedingten Kurzarbeit viele Beschäftigte dem Tourismus unwiederbringlich den Rücken gekehrt haben. Corona befeuerte damit aber lediglich eine sich bereits länger abzeichnende Entwicklung. Schon vor der Pandemie blieben viele Stellen unbesetzt – nicht zuletzt auch wegen der oft mäßigen Bezahlung. „Dieser massive Personalmangel führt dazu, dass Hotels und Restaurants ihre Kapazitäten gar nicht mehr voll hochfahren können. Gleichzeitig müssen zusätzliche Kosten für die Hygiene oder die Verwaltung gestemmt werden“, erklärt Professor Dr. Harald Zeiss, Direktor des Instituts für Tourismusforschung der Hochschule Harz. „Hinzu kommt die Ukraine-Krise. Inflationssorgen und massive Energiepreissteigerungen frieren natürlich auch die Reisewünsche wieder ein.“ Deshalb sieht der Tourismusforscher die Wiedergeburt der Reiselust als äußerst fragil an. „Ich befürchte, dass die Nachfrage wieder einbricht, wenn die wichtigsten Ziele ‚abgereist‘ sind“, sagt er.

Vertrauensverhältnis wiederherstellen

Corona hat die Tourismusbranche aber auch in anderer Hinsicht nachhaltig verändert: Das Geschäft mit Reisen ist ein extrem kurzfristiges geworden. „Heute buchen viele Menschen nicht mehr mit der Leichtigkeit wie vor der Pandemie. Trotz Reisewunsch lassen sie sich Zeit“, sagt Harald Zeiss. „Ich kenne Reiseveranstalter, bei denen rufen die Kunden am Montag an und reservieren eine Reise, die am Mittwoch beginnt – und am liebsten hätten sie dann noch gern die Möglichkeit, in den zwei Tagen bis zum Start von der Reise zurücktreten zu können.“ Eine der großen Aufgaben, die es für die Tourismusbranche daher momentan zu lösen gilt, ist es, das Vertrauensverhältnis zum Kunden wiederherzustellen. Für Sicherheit sorgen, Rücktrittsgarantien bieten und hohe Standards in puncto Gesundheitsversorgung anlegen – das wird heute erwartet. Zeiss sieht deshalb auch die Pauschalreise als einen Gewinner der Pandemiezeit, wenngleich auch nur vorübergehend: „Durch die Situation hat die Pauschalreise etwas an Vertrauen gewonnen, auch weil die großen Veranstalter wie DER Touristik und TUI ihre Kunden während der Pandemie aus Reisegebieten ausgeflogen haben, wohingegen individuelle Traveller plötzlich vor stornierten Tickets standen und im Ausland festhingen. Aber das wird nur ein Strohfeuer sein. Die Individualisierung, die wir in der gesamten Gesellschaft beobachten, wird sich auch im Tourismus fortsetzen.“

Wie können Reiseanbieter nun diesen Trend nach individuelleren und persönlicheren Reisen bedienen – gerade als große Player, die bisher auf Pauschalreisen ausgerichtet waren? Wie schaffen sie es, ihre Kundinnen und Kunden bestmöglich anzusprechen und zu binden? Hurtigruten zum Beispiel setzt – wie eingangs beschrieben – auf einen ganz eigenen Weg mit Erlebnisreisen in den Fußstapfen der großen norwegischen Entdecker und Schiffstouren auf der traditionellen Postschiffroute entlang Norwegens Küste. Dabei investiert das Unternehmen viel in umweltfreundliche Technologien. Schon seit mehr als zehn Jahren verzichtet die Reederei beispielsweise freiwillig auf den Einsatz von Schweröl. Nach und nach modernisiert sie ihre Flotte auf klimaschonende Antriebe. In der Kreuzfahrtbranche nimmt das Unternehmen damit eine Vorreiterrolle ein. „Unsere Gäste schätzen unseren Einsatz für die Umwelt. Das Thema umweltfreundliches Reisen ist in den vergangenen Jahren immer wichtiger geworden und wird es auch weiterhin bleiben“, ist sich Vice President Sales Europe Heiko Jensen sicher. Gleichzeitig beobachte er, „dass Gäste stärker nach außergewöhnlichen Reiseerlebnissen suchen. Sinn, Emotionen und Wissen spielen während der Reisen eine immer größere Rolle.“ Dass Hurtigruten genau dies ermöglicht, honorieren die Kunden mit einer ungewöhnlichen Treue. „Wir freuen uns sehr, dass sich viele unserer Gäste entschließen, immer wieder mit uns aufzubrechen – entweder, indem sie bekannte Routen neu entdecken, oder mit uns ganz neue Ziele bereisen. Die sogenannte Wiederholer-Rate ist bei uns besonders hoch. Hierfür bieten wir auch ein Programm mit Ermäßigungen an“, erklärt Jensen. Entscheidend dafür, dass sich die Gäste an Bord wohl fühlen und immer gerne wiederkommen, sind seiner Meinung nach aber auch die Gastgeber: „Die gesamte Besatzung ist mit Leidenschaft dabei und weiß ihre große Begeisterung für die Regionen, die wir befahren, facettenreich zu vermitteln.“ Um die spezielle Zielgruppe zu erreichen, nutzt das Unternehmen alle relevanten Kanäle – von TV- und Radiospots bis hin zu dem eigenen Podcast „12.5 Knoten“, in dem Wissenschaftler und Forscher über Gegenden, die Hurtigruten-Expeditionsschiffe anfahren, berichten.

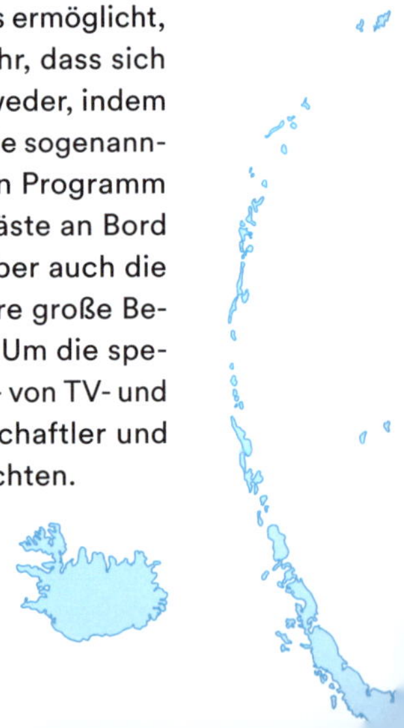

„Unsere Gäste schätzen unseren Einsatz für die Umwelt. Das Thema umweltfreundliches Reisen ist in den vergangenen Jahren immer wichtiger geworden und wird es auch weiterhin bleiben."

Heiko Jensen, Vice President Sales Europe Hurtigruten

Auch bei Hurtigruten werden die Reisen heute wesentlich kurzfristiger gebucht, was vor allem für die Expeditionen neu ist. Das Unternehmen hat darauf mit entsprechend kurzfristigeren Angeboten reagiert. Für Heiko Jensen ein Indiz dafür, dass man sich nicht auf Erfolgen und guter Buchungslage ausruhe. „Wir setzen alles daran, noch nachhaltiger zu werden, unsere regionalen Partnerschaften auszubauen und unsere Wissenschaftskooperationen auszuweiten. Außerdem vergrößern wir unser Portfolio, beispielsweise mit den Reisen zu den entlegenen Galapagos-Inseln, bei denen wir mit dem lokalen Reiseanbieter Metropolitan Touring zusammenarbeiten."

Ständig neue Services entwickeln

Ein weiterer Big Player der Tourismusbranche, der die Individualisierung des Reisens von Anfang an zu seinem Kerngeschäft gemacht hat, ist Airbnb. Die Online-Plattform bietet Privatleuten die Möglichkeit, ihre Wohnung oder ihr Haus an Gäste unterzuvermieten. Airbnb-Nutzer, die ein Urlaubsquartier suchen, schätzen insbesondere die – zumindest wahrgenommene – Authentizität der Unterkünfte, die ein einzigartiges Reiseerlebnis verspricht. Ein überaus erfolgreiches Konzept: Inzwischen ist die Airbnb-Community auf vier Millionen Gastgeber angewachsen, die mehr als eine Milliarde Gäste in fast allen Ländern der Welt willkommen heißen. Im zweiten Quartal 2022 war die Nachfrage mit 103,7 Millionen gebuchten Nächten so hoch wie nie zuvor. Nach tiefroten Geschäftszahlen während der Coronakrise hat sich der Unterkünfte-Vermittler schnell erholt – auch deshalb, weil er sein Geschäftsmodell der veränderten Welt des Reisens angepasst hat. „Unsere Stärke in diesem Quartal ist das Ergebnis unserer Fähigkeit, fokussiert und diszipliniert zu bleiben, während wir weiterhin unermüdlich innovieren", sagt Airbnb-Mitgründer und CEO Brian Chesky.

So gab es im Mai 2022 die größte Veränderung der Plattform seit einem Jahrzehnt. Eine neue Suche wurde integriert. 56 Kategorien vereinfachen es den Usern seitdem, besondere Unterkünfte zu entdecken, von denen sie bisher noch gar nicht wussten, dass sie existieren. Die Kategorien reichen von Höhlen über Campingangebote bis hin zu Häusern von Architekturikonen wie Le Corbusier. Zusätzlich kann neuerdings ein Aufenthalt auf zwei Unterkünfte aufgeteilt werden – als Reaktion auf den Trend, dass Menschen länger reisen als früher, etwa weil sie auch in der Post-Corona-Zeit überall auf der Welt arbeiten

„Unsere Stärke in diesem Quartal ist das Ergebnis unserer Fähigkeit, fokussiert und diszipliniert zu bleiben, während wir weiterhin unermüdlich innovieren.“

Brian Chesky, CEO Airbnb

können. Um dem größeren Schutzbedürfnis ihrer Kunden nach der Pandemie gerecht zu werden, hat Airbnb zudem ein „AirCover für Gäste“ entwickelt. Darin enthalten sind eine Buchungsschutz-Garantie, eine Check-in-Garantie, eine „Wie-gebucht“-Garantie und eine 24-Stunden-Sicherheitshotline. Das „AirCover-Team“ hilft Gästen jederzeit per Telefon weiter – sogar bei Umbuchungen in letzter Sekunde. Aber auch sonst ist die Plattform so konfiguriert, dass sich Gastgeber wie Gäste möglichst sicher fühlen können. Unter anderem erstellt eine KI-basierte Software vor jeder Buchung eine individuelle Risikobewertung. All das schafft Vertrauen, die Grundlage jeder erfolgreichen Kundenbeziehung. Denn nur Kunden, die einem Unternehmen vertrauen, bleiben ihm auch treu und empfehlen es weiter.

Künstliche Intelligenz und Machine Learning im Einsatz

Die Digitalisierung zur Kundengenerierung und -bindung nutzen, das ist auch Teil der Vertriebsstrategie von TUI. Peter Wittmann, Direktor Vertrieb in dem Touristikkonzern, erklärt: „Wir lernen ständig durch Buchungen der Kunden. Hier setzen wir auf den Einsatz von Künstlicher Intelligenz und Machine Learning. Dieses Wissen nutzen wir mit unseren Systemen, um dem Reisenden bei seiner nächsten Buchung passgenaue Lösungen vorzuschlagen.“ Auch er bestätigt, dass Kunden vermehrt nach individuellen und maßgeschneiderten Reiseerlebnissen suchen. Ob ein spezieller Sitzplatz, ein Einzel-Transfer oder das Sportevent vor Ort – Standardlösungen würden mehr und mehr von individuellen Diensten abgelöst. „Unsere Kunden schätzen es sehr, wenn unsere Vorschläge für Reiseziele, Hotels oder auch Aktivitäten genau den persönlichen Vorlieben und Anforderungen entsprechen.“

Hat der Kunde dann sein nächstes Reiseziel gefunden, bietet eine intelligente Verzahnung von On- und Offline-Vertrieb das bestmögliche Kauferlebnis. Schließlich würden 85 Prozent der Urlaubsinteressierten in Deutschland gern kanalübergreifend einkaufen. „Sie informieren sich online und buchen dann offline im Reisebüro oder sie lassen sich im Reisebüro beraten, um dann online zu buchen“, erläutert Peter Wittmann die TUI-Omnichannel-Strategie. „Unsere Urlauber bekommen damit alles aus einer Hand, und zwar genau da, wo sie es gerade suchen: auf TUI.com, in den TUI Shops oder in der myTUI App mit mittlerweile fünf Millionen Nutzern.“

Doch bei aller Digitalisierung lebt der Tourismus von der Begegnung von Menschen. Für Peter Wittmann ist daher klar: „Reisebüros sind und bleiben für uns für den Vertrieb unserer hochwertigen Qualitätsprodukte dauerhaft unverzichtbar. Die aktuellen Buchungszahlen im stationären Vertrieb zeigen die Relevanz dieses Vertriebskanals für unsere Kunden mehr als deutlich.“ Um das Marktpotenzial auszuschöpfen und sich für die Zukunft auszurichten, sieht er insbesondere in einer intelligenten Verzahnung von leistungsstarken Reisebüros mit der frequenzstarken TUI-Website große Chancen.

Ob die nachhaltige Hurtigruten-Entdeckungsschifffahrt, die Airbnb-Übernachtung im Schloss oder der über TUI gebuchte Tauchkurs in Ägypten – all diese Angebote haben eines gemeinsam: Sie bieten besondere Erlebnisse jenseits eines 08/15-Badeurlaubs, orientieren sich an den Bedürfnissen jedes einzelnen Kunden und erfüllen damit die Ansprüche des neuen Tourismus der Nach-Corona-Zeit.

„Reisebüros sind und bleiben für uns für den Vertrieb unserer hochwertigen Qualitätsprodukte dauerhaft unverzichtbar. Die aktuellen Buchungszahlen im stationären Vertrieb zeigen die Relevanz dieses Vertriebskanals für unsere Kunden mehr als deutlich.“

Peter Wittmann, Direktor Vertrieb TUI Deutschland GmbH

[1] Umfrage des Marktforschungsunternehmens YouGov und des Handelsblatt zur „Marke des Jahres 2021, basierend auf mehr als 900.000 Online-Interviews, die im Zeitraum September 2020 bis August 2021 durchgeführt wurden; https://www.hurtigruten.de/de/presse/aktuelle-pressemitteilungen/2021/yougov-und-handelsblatt-kuren-hurtigruten-erneut-zur-kreuzfahrtmarke-des-jahres/

[2] Trendstudie des Zukunftsinstituts: „Die Welt nach Corona. Business, Märkte, Lebenswelten – was sich ändern wird“, Auszug auf https://www.zukunftsinstitut.de/artikel/tourismus-nach-corona-alles-auf-resonanz/

Beraten, inspirieren, anleiten – und unentbehrlich werden

Vor über 50 Jahren hat OBI das Heimwerken revolutioniert und die Baumarktbranche begründet. Mit der digitalen Transformation und der HeyOBI-Plattform macht das Unternehmen den Schritt in Richtung Kunden-Ökosystem der Zukunft.

Wie oft bei revolutionären Geschäftsideen stand auch beim Baumarkt am Anfang der frische, unverstellte Blick auf den Alltag. Und der konnte kompliziert sein. Wer beispielsweise früher in Deutschland in Haus und Garten selbst etwas bauen oder reparieren wollte, musste erst einmal etliche Fachgeschäfte aufsuchen. Farbe und Pinsel gab es beim Maler, Schrauben und Nägel im Eisenwarenladen und Holz beim Schreiner. Das müsste doch einfacher zu machen sein, sagten sich Emil Lux und Manfred Maus Ende der 1960er-Jahre. Könnte man denn nicht alle relevanten Geschäfte mit ihren Produkten und Services unter einem Dach vereinen?

Man konnte. 1970 eröffneten sie den ersten OBI-Baumarkt im Einkaufszentrum Alstertal im Hamburger Stadtteil Poppenbüttel und legten damit den Grundstein für eine Erfolgsgeschichte. Aus den damals zwölf Mitarbeitern und ein paar weiteren in der Verwaltung sind ein halbes Jahrhundert später 48.000 geworden. Rund 7,3 Milliarden Euro hat das Unternehmen 2021 erwirtschaftet, dessen Name auf die französische Aussprache des Wortes „Hobby" zurückgeht. Über 95 Prozent der Deutschen kennen OBI, hierzulande unter den Baumärkten die stärkste Marke.

DIY ist für die meisten heute selbstverständlich

Für die breite Masse ist das Do-it-yourself (DIY), also in Haus und Garten selbst Hand anzulegen, heute eine Selbstverständlichkeit. Der Klassiker ist das Streichen der eigenen vier Wände: 87 Prozent der Deutschen sparen sich dabei den Handwerker. Die einen machen es selbst, andere lassen sich von Freunden oder dem Partner helfen. Ähnlich sieht es beim Tapezieren oder dem Zusammenbau von Möbeln aus. Ob Parkett oder Laminat verlegen, Wände verputzen, Regale bauen, Gärtnern oder kleinere elektrische Arbeiten erledigen – es gibt fast nichts, was Heimwerkerinnen und Heimwerker nicht selbst erledigen wollen. Das Motto von OBI lautet nicht von ungefähr: „Alles machbar".

Deshalb gehört heute der Besuch eines Baumarkts zum Alltag – nicht nur in Deutschland, sondern in ganz Europa. Rund 250 Millionen Kundinnen und Kunden verzeichneten die 645 OBI-Märkte in elf europäischen Ländern in den Jahren vor der Coronapandemie. Noch größer ist die Zahl derer, die jährlich die Webseiten besuchen: 540 Millionen Menschen, mehr als eine halbe Milliarde. Gerade dies ist eine für OBI besonders wichtige Größenordnung. Denn wie viele andere Branchen wird auch die Zukunft der Baumärkte von der Digitalisierung geprägt sein, die vieles verändert. Und OBI ist mittendrin in der digitalen Transformation.

Adieu gedruckter Prospekt, willkommen HeyOBI-Plattform!

Ein weithin beachtetes Signal für diese Transformation war der Abschied vom gedruckten Prospekt, den OBI im Juni 2022 nach Jahrzehnten als erste große Baumarktkette ausgemustert hat. Zumindest als ein zentral gesteuertes Produkt ist der orange Prospekt nun Geschichte. Wer von den Franchisenehmern möchte, kann auch weiterhin Papier einsetzen. „Wir haben uns schon seit Jahren mit der Frage beschäftigt, wie lange wir diesen Prospekt noch brauchen und was danach kommen wird", sagt OBI-Marketingchef Dr. Christian von Hegel. „Früher fehlte die Alternative, doch die haben wir in der Zwischenzeit aufgebaut: unsere digitale Plattform ‚HeyOBI'."

Zwar spielten beim Abschied vom Prospekt auch andere Aspekte wie Kosten und Nachhaltigkeit eine Rolle. Entscheidend sind aber die strategischen Vorteile einer Plattform, die viel mehr kann, als nur für den Moment Produkte und Preise zu kommunizieren. „HeyOBI mit der App und dem Webangebot verkörpert ein komplett neues Geschäftsmodell", sagt von Hegel. „Eine gedruckte Beilage zielt immer nur auf die Transaktion, auf den Verkauf der Ware. Wir arbeiten jedoch seit Jahren an einem Geschäftsmodell, das sich am Customer Lifetime Value orientiert."

„Eine gedruckte Beilage zielt immer nur auf die Transaktion, auf den Verkauf der Ware. Wir arbeiten jedoch seit Jahren an einem Geschäftsmodell, das sich am Customer Lifetime Value orientiert."

Wichtiger als der aktuelle Umsatz ist das langfristige Potenzial

Diese Kennzahl, kurz CLV, gilt bei OBI als eine zentrale Größe. Sie verändert den Blick auf das Unternehmen und auf Investitionen wie die in eine App fundamental. Im Anschluss an eine Marketingkampagne steht nun nicht mehr die Frage im Fokus, wie hoch die Umsätze am vergangenen Samstag waren. Weitaus wichtiger ist, wie viele Menschen sich von der HeyOBI-Idee überzeugen ließen und sich als neue Kunden der App registriert haben. „Wir denken nicht mehr an den kurzfristigen Verkaufserfolg einer Rabattaktion, sondern an den langfristigen Wert eines neu gewonnenen Kunden, der sich mit dem CLV berechnen lässt", sagt der OBI-Marketingchef.

Witziges Wortspiel mit dem Unternehmensmotto: In der real existierenden MachBar können DIY-Begeisterte bei Workshops unter Anleitung selbst Hand anlegen. Die OBI-Erlebniswerkstatt gibt es derzeit in Köln. Einmal wöchentlich wird dort auch Beratung bei der Küchenplanung geboten.

„Wir denken nicht mehr an den kurzfristigen Verkaufserfolg einer Rabattaktion, sondern an den langfristigen Wert eines neu gewonnenen Kunden, der sich mit dem CLV berechnen lässt."

Die HeyOBI-App ist ein entscheidender Schritt für das neue Selbstverständnis des Unternehmens. Zwar gibt es auch dort Sonderangebote und Rabattaktionen. Sie sollen aber dafür sorgen, dass mehr Kunden die App aktivieren und nutzen. Worin für sie die Vorteile liegen, erklärt von Hegel so: „Im Kern ist die App ein Ort, an dem wir Beratung bieten, und zwar durchgängig. Das heißt: Schon von zu Hause aus können Menschen einen Chat mit einem unserer Mitarbeitenden starten, einen Videochat buchen und dieses Gespräch dann bei Bedarf im Markt fortsetzen." Die digitale HeyOBI-Plattform macht es möglich, dass vor Ort andere Expertinnen und Experten nahtlos an das bisher Besprochene anknüpfen können.

Inspiration durch selbst entwickelte Inhalte

Neben der Beratung bei konkreten Projekten bietet OBI auch Inspiration durch selbst entwickelte Inhalte. Auf Social Media-Seiten wie Instagram und auf eigenen Webseiten wie „CREATE by OBI" zeigt der Baumarkt anhand vieler großer und kleiner Beispiele, was getreu dem Unternehmensmotto alles machbar ist. Das reicht von Tipps für den winterfesten Balkon, über Ikea-Hacks, bei denen Produkte des Einrichtungshauses verändert werden, bis zu Gestaltungsideen für ein minimalistisches Arbeitszimmer. Eine Liste des benötigten Materials und die Bauanleitung sind inklusive. Bei allen Fragen rund um Haus und Garten will OBI zur ersten Anlaufstelle werden. Beratung und Inspiration, Expertise und Anleitungen stehen im Zentrum eines digitalen Kunden-Ökosystems, das langfristiges Potenzial bietet. Denn neben den eigenen Produkten, Services und Kompetenzen sind auch Erweiterungen über Kooperationen denkbar. Das konnten Handwerker sein, die Kunden über die HeyOBI-Plattform hinzuziehen, wenn sie bei ihren Projekten professionelle Hilfe brauchen. „Das Ökosystem ist offen gestaltet, auch als technologische Plattform, an die sich viele Angebote andocken lassen. Die HeyOBI-App ist noch nicht am Ende ihrer Entwicklung, sondern steht erst am Anfang", sagt von Hegel.

Zwei Quellen für Innovationen: OBI Next und Squared

Doch woher kommen die Ideen für Innovationen? Wer prüft, was funktionieren könnte und was nicht? Gleich zwei interne Einheiten sorgen bei OBI für die kontinuierliche Weiterentwicklung. Die erste, OBI Next, wurde 2017 gegründet mit dem Wunsch, den Baumarkt der Zukunft zu bauen. Für den OBI-Marketingchef liegt hier der Ursprung der laufenden Transformation: „Über die Jahre haben wir gemerkt, dass wir hier nicht eine Zukunftsvision

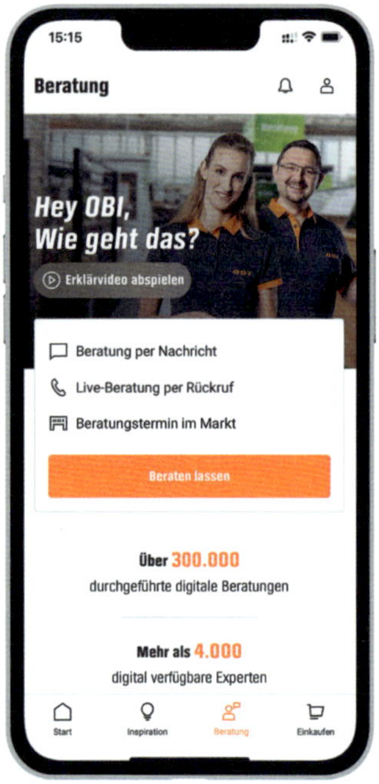

Die HeyOBI-App ist das zentrale Kommunikationsmittel zwischen OBI und Kundschaft. Hier werden Produkte im Onlineshop gesucht, inspirierende Projekte betrachtet und Beratungsgespräche vereinbart. Ebenfalls ein Projekt von OBI Squared: der Testballon einer 24-Stunden-Werkzeug-ausleihe in Kooperation mit dem Start-up kurts toolbox.

entwickeln, sondern das, was schon heute den Kern unseres Geschäfts ausmacht", sagt von Hegel. „Durch seinen Erfolg ist OBI Next heute keine getrennte Einheit mehr, sondern arbeitet mit dem Aufbau und der Implementierung des HeyOBI-Ökosystems am Herzen des Unternehmens."

Für die Ideen der ferneren Zukunft, für die Suche nach dem, was Kunden in fünf oder zehn Jahren wichtig sein wird, hat OBI eine weitere Innovationseinheit namens Squared gegründet. Frei von den Mühen des Tagesgeschäfts und von zu erreichenden Umsatzzielen entwickelt dieses Team mit kleinen, schnellen Pilotprojekten neue Themen. Dabei werden Kunden früh einbezogen, die Ideen zeitnah am Markt getestet und weniger lange theoretisiert und Zahlen gewälzt. „Die Projekte müssen zwei Dinge zeigen: dass sie wirtschaftlich funktionieren können und dass sie zur Marke OBI passen. Werden beide Bedingungen erfüllt, können wir die Projekte anders als früher heute durch den Einsatz von Technologie sehr schnell skalieren", erläutert von Hegel.

An der Zukunft wird ständig gearbeitet

Menschen sollen befähigt werden, ihr Zuhause ihren Wünschen entsprechend gestalten zu können und damit ihrer Individualität Ausdruck zu verleihen – so erklärt von Hegel den Markenkern von OBI. Dazu passt ein laufendes Squared-Projekt, ein Lieferservice, den OBI in Hamburg gemeinsam mit dem jungen Unternehmen Bringoo gestartet hat. Anvisiert wird eine junge, digitalaffine Kundschaft, die Produkte innerhalb einer Stunde geliefert bekommen möchte. Klassisch dafür ist, wenn ein Kunde bei einem Projekt etwas vergessen hat zu kaufen. So werden spontan Farbeimer fürs Streichen geordert oder auch ein Grill, ohne den der geplante Grillabend hätte ausfallen müssen.

Ein weiteres Beispiel für eine Innovation ist die Kooperation mit dem Start-up kurts toolbox. Hier können Heimwerkerinnen und Heimwerker, denen ein Werkzeug fehlt, sich rund um die Uhr Bohrmaschinen, Kreissägen, Winkelschleifer und Ähnliches ausleihen. Das funktioniert nach dem Prinzip der Paketbox. Über die App wird ein Werkzeug gebucht und dann aus einem verschlossenen Fach am Standort der toolbox abgeholt. Geöffnet wird die Tür per App. „Wer also sonntags bohren möchte, aber keine Bohrmaschine hat, kann sich damit behelfen, jedenfalls so lange seine Nachbarn nichts dagegen haben“, lacht von Hegel. „Das ist unglaublich praktisch und erlaubt den Menschen ein weiteres Stück Flexibilität in ihrer Planung.“

Auch nach über 50 Jahren scheint die Mission der innovativen Gründer von damals bei OBI fortzuleben: den oft umständlichen Alltag der Menschen studieren und dann Produkte und Services entwickeln, mit denen sich ihre Wünsche in Haus und Garten möglichst einfach und individuell erfüllen lassen. Dank der Digitalisierung haben sich die Möglichkeiten, die sich aus dieser Grundidee ableiten lassen, noch einmal deutlich erweitert: „Je mehr Kunden die HeyOBI-App nutzen und je häufiger sie sie verwenden, desto besser verstehen wir sie. Menschen sind individuell, haben ganz unterschiedliche Budgets, Geschmäcker und DIY-Fähigkeiten. Die App hilft uns dabei, ihnen genau das zu bieten, was sie wollen und brauchen, und wir werden darin täglich besser“, sagt von Hegel nicht ganz ohne Stolz.

„Menschen sollen befähigt werden, ihr Zuhause ihren Wünschen entsprechend gestalten zu können und damit ihrer Individualität Ausdruck zu verleihen.“

Dr. Christian von Hegel, OBI-Marketingchef

5

Fragen an ...

Was bedeutet Kundenorientierung eigentlich für diejenigen, die in Branchen arbeiten, bei denen es unmittelbar um den Menschen geht? Und wie schaffen sie es, auf individuelle Kundenwünsche so einzugehen, dass sie sich vom Wettbewerb abheben? Wir haben nachgefragt: beim Gründer einer Manufaktur für Spezialräder, Marec Hase, bei dem Hamburger Bio-Spitzenkoch Sebastian Junge und dem Saarbrücker Informatikforscher und Seniorprofessor Kurt Mehlhorn.

... Marec Hase

1 Herr Hase, wann waren Sie das letzte Mal als Kunde begeistert?

In den vergangenen Jahren hat die Fahrradbranche einen regelrechten Boom erlebt. So war es auch für uns notwendig, gewisse Schritte einzuleiten. Der größte davon war der Bau einer neuen, modernen Produktions- und Lagerhalle samt Büro und Aufenthaltsräumen. Begeistert war ich dabei von unserem Partnerunternehmen, das für den Hallenbau zuständig war. Die Ansprechpartner waren stets kooperativ und transparent. Sie standen uns bei Entscheidungsprozessen zur Seite und sorgten dafür, dass die Halle auch in Zeiten der Krise und des Mangels rechtzeitig fertig wurde.

2 Mit seinen Spezialrädern spricht HASE BIKES alle Menschen an – ganz unabhängig von ihren körperlichen oder geistigen Fähigkeiten. Wie gestalten Sie die individuelle Kundenansprache?

Die Kundenansprache ist mittlerweile sehr vielfältig – etwa über Social Media, Anzeigen und Artikel in Fachmagazinen oder die Präsenz auf ausgewählten Reha- und Freizeitmessen. Wir versuchen unsere Kunden gezielt dort zu erreichen, wo sie sich am wohlsten fühlen. Wir möchten unsere Spezialfahrräder nicht nur optisch abbilden und über ihre Vorteile in Texten erzählen, sondern sie auch immer „erfahrbar“ machen. Dabei hilft uns seit einiger Zeit auch unser Außendienst, der deutschlandweit unterwegs ist und Probefahrten mit Kunden im Beisein eines Fachhändlers vereinbart.

3 Wie sieht Kundenorientierung in Ihrer Branche aus?

Kundenorientierung fängt schon beim Produkt selbst an. Dazu zählen einfach zu verstehende Anleitungen, nützliche Videos beispielsweise auf YouTube, Garantieerweiterungen, ein umfangreiches Serviceteam und der direkte Kontakt zu HASE BIKES per Telefon. Darüber hinaus leiten wir unsere Fachhändler in Schulungen zu Technik, Kommunikation und Marketing an und bilden sie weiter. Wenn unsere Händler bestens über unsere Produkte informiert sind, führt das über kurz oder lang zum Erfolg.

4 Über welche Kanäle erreichen Sie Ihre Kunden?

Neben dem persönlichen Austausch auf Messen und Events und der Pressearbeit erreichen wir unsere Kunden vor allem über unsere eigenen Medien – also den Social-Media-Kanälen und natürlich über unsere Website. Hier entsteht ein direkter Austausch mit den Kunden, der uns sehr wichtig ist. Unser neuestes Kommunikationstool ist aber ohne Frage das HASE BIKES SCHALTWERK – ein etwa 450 Quadratmeter großer Showroom in unserer alten Produktionshalle auf der Zeche in Waltrop. In diesem Erlebnisraum können Besucher unsere Fahrräder Probe fahren, technische Fragen direkt mit dem Fachpersonal der Werkstatt klären, im Shop Schönes und Nützliches einkaufen – oder in der Lounge bei einem Getränk über die gemeinsame Leidenschaft fürs Fahrradfahren fachsimpeln.

5 Was unternehmen Sie, damit Kunden Sie weiterempfehlen?

Uns ist es nicht nur wichtig, unsere Produkte und deren Nutzen bestmöglich abzubilden, sondern auch die Geschichte von HASE BIKES zu vermitteln. Unsere Mitarbeiter sind selbst fahrrad- und technikbegeistert. Das macht das Ganze natürlich einfacher, denn der HASE-Spirit ist somit allgegenwärtig. Am Ende davon profitieren sollen natürlich unsere Kunden. Selbst wenn ein Interessent einmal nicht das richtige Produkt findet oder nur zufällig im SCHALTWERK vorbeischaut, kann er dennoch ein positiver Multiplikator werden, der HASE BIKES im besten Fall an jemanden weiterempfiehlt.

MAREC HASE

Schon seit seiner Jugend entwickelt und baut Marec Hase Fahrräder – diese Begeisterung brachte ihm 1989 sogar den NRW-Landessieg im Wettbewerb „Jugend forscht“ ein. Nach Abschluss seiner Ausbildung zum Feinmechaniker gründete er 1994 in Bochum HASE BIKES – mit gerade einmal 23 Jahren. Heute ist HASE BIKES eine Manufaktur mit über 100 Mitarbeitern. Auch in seiner Freizeit bleibt Marec Hase seiner Leidenschaft treu: Er fährt gerne und viel Fahrrad, vor allem im Alltag.

... Sebastian Junge

1 Herr Junge, wann waren Sie das letzte Mal als Kunde begeistert?

Das ist tatsächlich schon ein wenig länger her – im Januar 2022 haben wir den Geburtstag meiner Tochter bei unserem indischen Lieblingsrestaurant gefeiert, in dem wir seit fast zehn Jahren selbst regelmäßig essen gehen. Der Chef hatte ein besonderes Dessert für meine Tochter vorbereitet und es war wirklich toll und rührend zu sehen, wie meine Tochter auf diese Überraschung reagiert hat. Im beruflichen Kontext bin ich immer wieder von unserem Zero-Trade-Kaffeeproduzenten und -lieferanten begeistert. Er bietet uns als kleines Unternehmen einen Service, der wirklich begeistert.

SEBASTIAN JUNGE

Sebastian Junge, Koch und Aktivist für umweltgerechte und nachhaltige Genusskultur, setzt sich seit Jahren für eine Agrar- und Ernährungswende ein. Nach seiner Kochausbildung im Hamburger Hotel Vier Jahreszeiten hat er einige Stationen durchlaufen sowie Praktika und Fortbildungen absolviert. International hat Sebastian Junge unter anderem in Australien gekocht. Seine ambitionierte und nachhaltige Küche, die zuletzt mit dem „Grünen Stern“ vom Guide Michelin ausgezeichnet wurde, setzt er in seinem eigenen Restaurant „Wolfs Junge“ in Hamburg um.

2 Sie gelten als Hamburgs erster und einziger Bio-Spitzenkoch, Ihr Restaurant steht für eine gleichermaßen ambitionierte wie nachhaltige Küche. Inwiefern betrachten Sie Ihre Gäste als Kunden?

Unsere Gäste sind ganz klar auch unsere Kunden. Mein Team und ich haben uns einer transparenten, nachhaltigen und modernen Küche verschrieben und gestalten die gesamten betrieblichen Abläufe ressourcenschonend. Das kann sich aber auch nur dann finanziell tragen, wenn man immerwährend gut gebucht ist und es gelingt, unsere Ideale und unseren Antrieb für eine umweltgerechte Genusskultur immer anschaulich und erinnerungswürdig an die Kundschaft zu vermitteln.

3 Wie sieht Kundenorientierung in Ihrer Branche aus?

Ich kann hier nur für mein Projekt sprechen, da ich mich von der Branche und ihrer oft verwüstenden Betriebsführung oft distanziere und wenig mit ihr gemeinsam habe. Viele Umstände haben die Gastronomiebranche zu Recht in Verruf gebracht, und wir versuchen, daran etwas zu ändern. Wir orientieren uns dabei vor allem an meiner Idee einer umweltgerechten Kulinarik. Diese trifft den Geschmack der meisten Gäste und das freut mich. Wir arbeiten natürlich auch fortwährend mit dem erhaltenen Feedback und es ist toll zu sehen, wenn sich Gäste auch für ungewöhnliche Dinge, wie beispielsweise Innereien, begeistern lassen. Damit wir uns aber voll und ganz auf die Zubereitung der Menüs konzentrieren können, geben wir tatsächlich mehr Dinge vor, die andernorts vom Gast ganz frei entschieden werden können. Dazu gehören beispielsweise die Reservierungszeiten, Speisefolgen, Menügrößen sowie die Tatsache, dass wir ethisch fragwürdige Zutaten in unserer Küche nicht verarbeiten.

4 Über welche Kanäle erreichen Sie Ihre Kunden?

Wir erreichen unsere Kunden über ganz unterschiedliche Kanäle – von Social Media über die klassische Printpresse, Fernsehbeiträge bis hin zu Mund-zu-Mund-Propaganda ist alles dabei. Was ich auch niemals unterschätzen würde, ist das permanente Kommunizieren von Angeboten und Botschaften über Banner oder Kreidetafeln. Denn auch das generiert Aufmerksamkeit.

5 Was unternehmen Sie, damit Kunden Sie weiterempfehlen?

Wir geben jeden Tag unser Bestes, bereiten unvergessliche Genussmomente und verbinden das Ganze mit wichtigen Botschaften. Denn wir sind der festen Überzeugung, dass wir mit unserem Handeln und gemeinsam mit unseren Produzentinnen und Produzenten die Antworten auf die großen Problemfragen unserer Zeit geben können. Essen ist politisch und auch im höchsten Maße klimarelevant! Dieses Bewusstsein möchten wir auch unseren Gästen vermitteln.

... Kurt Mehlhorn

1 Herr Mehlhorn, wann waren Sie das letzte Mal als Kunde begeistert?

Daran kann ich mich sehr gut erinnern: Ich feierte mit meiner Frau unseren 50. Hochzeitstag im „Gästehaus Klaus Erfort" in Saarbrücken. Ambiente und Service waren fantastisch – und das Essen dank Elementen der Molekularküche eine besondere Geschmackserfahrung.

2 Inwiefern betrachten Sie Ihre Studierenden als Kunden?

Die Beziehung Professor–Student unterscheidet sich von einer normalen Kundenbeziehung darin, dass Studierende eine Verpflichtung eingehen. Sie verpflichten sich dazu, ordentlich zu arbeiten und viel Zeit für ihr Studium aufzuwenden. Meine Aufgabe wiederum ist es, ihnen möglichst viel beizubringen, indem ich interessante Inhalte, gut durchdachte Übungen und faire Prüfungen biete. Inzwischen halte ich seit fünf Jahren an der Universität des Saarlandes eine Vorlesung für Hörer aller Fakultäten, in denen ich neben den Grundzügen der Informatik auch wichtige IT-Trends erläutere. Und ich muss sagen: Es war und ist auch für mich ein ständiger Lernprozess! Ich muss mich immer wieder aufs Neue in die doch sehr heterogene Hörerschaft hineinversetzen, muss verstehen, welche Bedürfnisse die Studierenden haben und mit welcher Motivation sie meine Vorlesung besuchen. Natürlich bin ich nicht so naiv zu glauben, dass jeder jedes Studium schaffen kann. Trotzdem frage ich mich nach einer schlechten Prüfung immer, was ich als Dozent hätte besser machen können. Schließlich ist es auch meine Motivation, dass sie ihr Ziel erreichen. Wenn ich meine Beziehung zu den Doktoranden beschreiben sollte, die ich betreue, dann sehe ich hier keine klassische Kundenbeziehung, sondern vielmehr eine Partnerschaft. Wir arbeiten gemeinsam an konkreten Forschungsfragen – am Ende dieses Weges konnten sie von meinem reichen Erfahrungsschatz profitieren und ich von ihrem spezifischen Wissen und ihrer schnellen Auffassungsgabe. Das ist ein Geben und Nehmen.

3 Wie sieht Kundenorientierung in Ihrem Bereich konkret aus?

Ich versuche, die Inhalte meiner Vorlesung möglichst anschaulich, also zum Beispiel anhand von Übungsvideos und Zusatzmaterialien wie Bücher, Übungsblätter oder Skripte, zu vermitteln. So habe ich spezielle Videos entwickelt, um die Mathematikkenntnisse der Juristen, die an meiner Vorlesung teilnehmen, zu verbessern. Auch die Tatsache, dass mir das Feedback meiner Studierenden wichtig ist und ich versuche, es wann immer möglich umzusetzen, ist für mich ein entscheidendes Element von Kundenorientierung. Die Universität selbst evaluiert ebenfalls alle Vorlesungen und teilt mir die Ergebnisse des Fragebogens mit. Ich wiederum antworte den Studierenden schriftlich auf die Punkte, die bei der Evaluation zur Sprache kommen. Auf diese Weise möchte ich ihnen zeigen: Wir begegnen uns auf Augenhöhe.

4 Über welche Kanäle erreichen Sie Ihre Kunden?

Ich begegne meinen Studierenden rein virtuell – und das übrigens schon lange vor der Coronapandemie. Die juristischen Hörer zum Beispiel stammen aus ganz Deutschland, und ich hätte sie nicht, wenn ich Präsenzveranstaltungen anbieten würde. Die Vorlesungen finden also im virtuellen Hörsaal statt, die Übungen mache ich per Zoom und der Austausch mit den Studierenden erfolgt meist per E-Mail. Darüber hinaus sind meine Vorlesungsvideos, die ich in einem speziellen Raum mit optimaler Akustik und Ausstattung auf dem Uni-Campus aufnehme, auf der Online-Lernplattform Iversity zu finden.

5 Was unternehmen Sie, damit Kunden Sie weiterempfehlen?

Ich habe einen Video-Teaser aufgenommen, mit dem ich für meine Vorlesung „Ideen und Konzepte der Informatik" begeistern möchte. Dieser ist auf der Webseite des Fachbereichs zu sehen. Ansonsten versuche ich, die Inhalte meiner Vorlesung möglichst passgenau auf die Studierenden zuzuschneiden – ihnen also genau den Content zu liefern, den sie sich wünschen und für ihre weitere berufliche Laufbahn brauchen. Wenn meine Bemühungen in eine aktive Weiterempfehlung der Studierenden an ihre Freunde und Kommilitonen münden, ist das natürlich umso erfreulicher und zeigt mir, dass sich meine Arbeit lohnt.

PROFESSOR DR. KURT MEHLHORN

Der Informatikforscher Kurt Mehlhorn wurde bereits mit 26 Jahren als Professor an die Universität des Saarlandes berufen. Er wurde bekannt durch seine Arbeiten zur Komplexitätstheorie, zu Datenstrukturen und zu Algorithmen für Graphen und Geometrie. Von 1990 bis 2019 war er Direktor des Max-Planck-Institutes für Informatik in Saarbrücken. Für seine wissenschaftlichen Leistungen wurde er bereits mehrfach ausgezeichnet, unter anderem mit dem Leibniz-Preis. Als Seniorprofessor der Universität des Saarlandes vermittelt er in einer Videovorlesung Informatik-Grundwissen für Hörer aller Fakultäten – ein Thema, das dem gebürtigen Ingolstädter besonders am Herzen liegt.

AUS DEM NETZ AUF DEN TELLER

Sie retten Lebensmittel vor der Tonne, betreiben virtuelle Bauernmärkte und produzieren gefrorene Fertiggerichte direkt vom Feld: Immer mehr junge Unternehmerinnen und Unternehmer entdecken den Onlinehandel in der Lebensmittelbranche für sich. Sie überzeugen vor allem mit vielfältigen Produkten und kreativen Geschäftsideen. Doch wer dauerhaft erfolgreich sein möchte, der braucht einen loyalen Kundenstamm und ein florierendes Neukundengeschäft. Gerade im Ernährungsbereich keine einfache Aufgabe. Denn wie können Kunden sicher sein, dass Fisch, Fleisch, Obst und Gemüse frisch und unbeschadet den Weg in die eigenen vier Wände finden? Wir stellen fünf Unternehmen vor, die die Lebensmittelbranche neu gestalten möchten und zeigen, wie sich Vertrauen in gute Qualität auch über virtuelle Vertriebskanäle generieren lässt.

Marktschwärmer – der virtuelle Bauernmarkt

Regionale Lebensmittel sind nur einen Mausklick entfernt – und zwar im Onlineshop von Marktschwärmer. Bei diesem hybriden Modell legen die Produkte von Marktschwärmer durchschnittlich 40 Kilometer vom Erzeuger bis auf den Teller zurück. „Kunden bestellen und bezahlen ihren Einkauf bequem online und holen ihn in der nächstgelegenen Schwärmerei ab“, erklärt Odilia Dickershoff, Projektleiterin Öffentlichkeitsarbeit und Netzwerkkommunikation bei Marktschwärmer. Schwärmereien sind Regionalmärkte, die mittlerweile in fast jeder Nachbarschaft zu finden sind. 152 Schwärmereien gibt es in ganz Deutschland, 1.150 in Europa. Durch den Mix aus digitalem Bauernmarkt und regionalen Abholstellen schafft Marktschwärmer eine besondere Kundennähe. Denn die Verbraucher treten nicht nur mit den Erzeugern in Kontakt, sondern auch mit den Organisatoren in den regionalen Schwärmereien. So entsteht Vertrauen – sowohl in das Unternehmen als auch in die Qualität der Produkte. Die Erzeuger legen die Preise für ihre Produkte selbst fest und bekommen den größten Anteil des Umsatzes. „Für Erzeuger ist die digitale Plattform ein zusätzlicher, gut planbarer Absatzmarkt mit wenig Aufwand“, sagt Dickershoff.

Das Modell kommt bei den Kunden gut an. „Marktschwärmer sind überzeugt, anders essen und anders wirtschaften zu wollen. Die Gemeinschaft aus regionalen Erzeugern und Verbrauchern kommt diesem Wunsch nach, erzeugt eine Identifizierung mit dem Netzwerk und führt zu einer stabilen Bindung“, so Dickershoff. Anders als bei anderen Anbietern gibt es keinen Mindestbestellwert und auch kein Abo-Modell, dafür maximale Transparenz, so das Konzept. Marktschwärmer setzt dabei auf Fairness und Nachhaltigkeit. „Wir wollen, dass unsere Kunden und Produzenten unmittelbar miteinander handeln können. Der Austausch fördert Vertrauen und Wertschätzung für gute Lebensmittel“, resümiert Dickershoff.

etepetete – krummes Gemüse in der Box

Gemüse und Obst von etepetete ist alles, nur nicht etepetete. Denn was von dem Onlineshop an die Kunden gesendet wird, ist Bioobst und -gemüse, das nicht der Schönheitsnorm entspricht. „Vielen ist gar nicht bewusst, wie groß der Teil der Ernte ist, der aufgrund seines Aussehens auf dem Feld liegen bleibt, vernichtet wird oder zur Energiegewinnung zweckentfremdet wird“, erklärt Christopher Hallhuber, Gründer von etepetete. Das Unternehmen, das 2014 in München an den Start gegangen ist, setzt sich dafür ein, dass krummes Obst und Gemüse dennoch auf dem Esstisch landen. Deshalb hat etepetete Gemüsekisten mit unterschiedlichen Produkten entwickelt, die klimaneutral frisch vom Feld bis an die Haustür geliefert werden.

Die Digitalisierung spielt bei der Vermarktung natürlich eine zentrale Rolle: „Mit nur wenigen Klicks können Konsumenten online frische Lebensmittel bestellen, die auf ihre Wünsche und Bedürfnisse angepasst sind“, sagt Hallhuber. Die Lieferintervalle legen die Konsumenten dabei online selber fest. Via Social Media und Direct Messenger tauscht sich etepetete mit der Community aus, über den Kundensupport ist das Unternehmen für Fragen und Anregungen erreichbar. „Im Austausch mit unseren Kunden verfolgen wir seit Beginn den Ansatz der Transparenz. Wir wollen Aufklärungsarbeit leisten und nehmen die Konsumenten dafür in unserem Storytelling auch mit hinter die Kulissen. Wir machen sie aktiv auf die gesellschaftlichen Missstände im Hinblick auf Lebensmittelverschwendung aufmerksam“, so Hallhuber. Über die virtuellen Kanäle erleichtert etepetete seinen Kunden den Zugang zu gesunden Lebensmitteln und fördert über den ständigen Austausch auch das Vertrauen in die eigene Marke. Eine Kombination, die mit Loyalität belohnt wird: Bis zu 100.000 Boxen verschickt etepetete laut eigenen Angaben in Hoch-Zeiten pro Monat.

Every. Foods – gesundes Essen aus der Tiefkühltruhe

Schockgefrostet und vegan: Das ist das Konzept von Every. Foods. Mit gefrorenen Fertiggerichten in Restaurantqualität möchte das Unternehmen gesunde Mahlzeiten auf die Tische derjenigen bringen, die trotz Zeitmangel nicht auf gutes Essen verzichten möchten. Alle Produkte von Every. Foods sind pflanzlich und erntefrisch gefroren. Die Produktvielfalt reicht von Bowls über Suppen bis hin zu Smoothies. „Wir recherchieren Trends und garantieren so, dass unser Sortiment immer spannend und relevant für unsere Kunden ist“, erläutert Xenia Dixon, Marketing Managerin bei Every. Foods. Die Kunden bestellen ihr Wunschmenü über den Onlineshop und bekommen die Tiefkühlkost bis an die Haustür geliefert – und das europaweit. In insgesamt sechs Ländern ist Every. Foods mittlerweile aktiv: Deutschland, Österreich, Belgien, Luxemburg, Dänemark und den Niederlanden.

Mehrere Touchpoints ermöglichen dem Unternehmen schnelle Feedback-Zyklen mit den internationalen Kunden. „Wir haben ein engagiertes Customer Care Team. Sie beantworten die Kundenfragen, inklusive Live-Chat. Zusätzlich bieten wir Informationen mit den meistgestellten Fragen über ein Help Center an – so kann sich der Kunde selbst helfen, wenn wir gerade nicht erreichbar sind." Rezensionen und allgemeines Feedback zu Produkten, Bestellvorgängen oder Lieferservices werden innerhalb des Unternehmens täglich evaluiert und integriert. „Unsere Zielsetzung ist es, innerhalb kürzester Zeit eine unkomplizierte und proaktive Lösung für die Kunden anzubieten. Unser Servicelevel liegt bei wenigen Stunden", sagt die Marketingexpertin.

Ein weiterer Vorteil des digitalen Geschäftsmodells: „Wir können unseren Shop und unser Sortiment schnell anpassen, Produkte hinzufügen oder auch entfernen. Außerdem können wir unsere Produktentwicklung an den Wünschen der Kunden ausrichten und Kunden sogar bei diesem Prozess involvieren." Dafür fragt das Unternehmen seine Community regelmäßig nach Zutaten, Rezeptideen und Produktwünschen. Feedback auf Google Reviews und Reviews.io werden zudem regelmäßig ausgewertet, um Rezepte zu optimieren.

Too Good To Go – zu schade für die Tonne

Das Social Impact Business Too Good To Go hat sich zum Ziel gesetzt, überschüssiges Essen vor der Tonne zu retten. Seit 2016 können Bäckereien, Restaurants, Cafés, Hotels, Kantinen, Tankstellen und Supermärkte überproduziertes Essen über die Too-Good-To-Go-App für Selbstabholer vergünstigt anbieten. Davon haben nicht nur die Kunden etwas, sondern auch die Unternehmen. Denn aus Überschuss wird Umsatz. Über 17.000 Betriebe bieten ihre Lebensmittel als Überraschungstüte bereits auf Too Good To Go an, bezahlt wird über die kostenlose App. Über sie finden Konsumenten auch teilnehmende Betriebe in der Umgebung. „Im App-Profil der jeweiligen Läden wird die Art des Essens beschrieben, die in der Überraschungstüte landen kann, wie viel die Portion kostet – in der Regel ein Drittel des Originalpreises – und zu welcher Uhrzeit die Portion abgeholt werden kann", sagt Denise Fertig, Pressesprecherin von Too Good To Go.

In der Mission vereint, Lebensmittelverschwendung zu bekämpfen, pflegt Too Good To Go einen engen Kontakt mit seinen Kunden – auch bei der Akquise neuer Partner. Täglich erreichen den Kundenservice Nachrichten von Nutzern, die unter anderem auch neue Läden für die Too-Good-To-Go-App vorschlagen. „Es ist toll zu sehen, wie gut das Konzept von der Community angenommen wird und unsere User aktiv weitere Partner mit ins Boot holen wollen, um noch mehr Lebensmittel vor dem unnötigen Wegwerfen zu retten", erklärt Tara Schunk, Leiterin des Kundenservice bei Too Good To Go. 2022 wurde Too Good To Go für sein Engagement deshalb belohnt. Die App wurde von YouGov zur meistempfohlenen Marke des Jahres gewählt.

CrowdFarming – Früchte vom adoptierten Baum

Ein Tier, einen Baum oder ein Stück Feld adoptieren: Das ist für Kunden bei CrowdFarming möglich. „Man kann über uns bei einem Landwirt seiner Wahl einen Baum adoptieren und die entsprechende Ernte erhalten. Oder auch einfach nur eine Kiste mit Obst, Gemüse, Trockenprodukten wie Pasta oder Olivenöl kaufen und zu sich nach Hause liefern lassen", zeigt Emmeline Hess, Head of Communications bei CrowdFarming, die Möglichkeiten auf. Mit diesem Konzept ermöglicht das Unternehmen Landwirten den Direktverkauf von Bio-Lebensmitteln an Endkunden in ganz Europa. Transparenz spielt dabei eine wichtige Rolle. „Kunden erfahren bei uns genau, wo ihre Lebensmittel herkommen, von wem und unter welchen Bedingungen sie angebaut wurden", sagt Hess. Alle frischen Produkte werden auf Bestellung geerntet und verschickt. Die Preise für die Produkte legen die Landwirte selbst fest.

In der Digitalisierung sieht Hess eine große Chance für die Landwirte. Einerseits da neue Technologien den Erzeugern dabei helfen, effizienter und ressourcenschonender zu arbeiten, andererseits weil digitale Plattformen den Vertrieb enorm erleichtern. „Dank einer erweiterten Kundenbasis können sich Landwirte von Zwischenhändlern und Supermärkten emanzipieren und besser (über-)leben", so Hess. Außerdem erleichtert die Digitalisierung den Informationsaustausch zwischen Kunden und Produzenten. CrowdFarming nutzt seine virtuellen Plattformen unter anderem, um Konsumenten die Lebensrealität der Landwirte näherzubringen. „Über unsere Plattform können die Kunden direkt mit den Landwirten in Kontakt treten", sagt Hess. Die Bauern informieren ihre Käufer mit Direktnachrichten und Fotos aus ihrem Alltag über die angebauten Lebensmittel und Neuigkeiten auf dem Hof. Trotz aller digitalen Hilfsmittel steht der persönliche Kontakt bei CrowdFarming im Vordergrund: Bei organisierten Besuchen auf den teilnehmenden Höfen haben die Konsumenten die Möglichkeit, die Erzeuger ihrer Lebensmittel auch persönlich kennenzulernen.

„Gute Marken lösen bei Menschen immer Emotionen aus“

Das limbische System steuert unsere Emotionen und bestimmt unser gesamtes Leben. Kaum jemand kennt sich damit so gut aus wie der Psychologe und Philosoph Hans-Georg Häusel. Mit seiner „Limbic Map“ hat er eine Landkarte entwickelt, die Unternehmen hilft, sich in der Welt der Emotionen zurechtzufinden. Wie sie Kaufentscheidungen beeinflussen und wie man sich die Map zunutze machen kann, um Kunden zu gewinnen und zu binden, verrät er in diesem Gespräch.

Herr Häusel, nach Millionen von Jahren ist das Großhirn vom Thron gestoßen worden und das limbische System zum zentralen Betriebssystem des Menschen avanciert. Wofür ist es zuständig?

Es ist richtig. Die alte Dreiteilung, nach der oben im Gehirn der Verstand, in der Mitte die Emotionen und unten die Instinkte sitzen, funktioniert nicht mehr. Heute wissen wir, dass es das limbische System ist, das unser Handeln bestimmt. Es umfasst die Hirnstrukturen, die sich gemeinsam mit der Emotionsverarbeitung befassen und hieraus alles ableiten, was wir tun. Wir sind also extrem emotional gesteuert. Das ist der springende Punkt.

Das heißt, Emotionen sagen uns, was wir tun sollen?

Ja. Diese unbewussten Abläufe im Gehirn geben den Ton an – auch im Geschäftsleben. Unsere gesamte Motivation kommt aus den Emotionssystemen heraus. Sie bewerten, was gut und was schlecht für uns ist. Sie sorgen dafür, dass unser Körper für die Anforderungen der Umwelt vorbereitet ist, und machen sich ganz zum Schluss auch in Form von Gefühlen bemerkbar.

Und Rationalität spielt dabei gar keine Rolle?

Auch sie ist emotional geleitet. Es ist aber ein Mythos, dass Emotionen das Gegenteil von Ratio sind. Beides hängt miteinander zusammen. Ich unterscheide lieber zwischen Vernunft und Verstand. Verstand ist, wenn ich weiß, wie ein Motor funktioniert. Das ist eine Funktion, die in unserem Großhirn verankert ist. Der Verstand jedoch tut nichts von allein. Das heißt: Den Motor brauche ich am Ende nur, um ihn in ein Auto einzubauen, mit dem ich mich schneller bewegen kann. Und Schnelligkeit ist ein emotionaler Zustand. Vernunft dagegen bedeutet, dass wir die Ziele der Emotionssysteme so im Leben umsetzen, dass wir erfolgreich sind und nicht permanent Schiffbruch erleiden.

Schauen wir einmal in die Welt der Wirtschaft. Sie haben basierend auf Erkenntnissen aus der Hirnforschung eine Landkarte entwickelt, damit Unternehmen sich im Emotionsdschungel nicht verirren.

Die Limbic Map ist ein Navigationssystem, das Unternehmen durch unsere Emotions- und Wertewelt führt. Sie erklärt zwar nicht die ganze Welt, aber sie hilft Strukturen und Zusammenhänge besser zu verstehen. Damit können Firmen ihre Marken und Produkte besser positionieren und ihre Zielgruppen – bis hin zu einzelnen Konsumentinnen und Konsumenten – besser identifizieren und abholen. Man kann aus ihr ableiten, wie Kunden ticken, und man merkt: Sie sind zwar nicht gläsern, aber durchaus berechenbar.

Wie funktioniert diese Map?

Sie besteht aus drei emotionalen Systemen, die einer inneren Logik folgen. Da ist zum einen unser Wunsch nach Sicherheit und Stabilität. Diesem System habe ich den Namen Balance gegeben. Eng damit verbunden sind Bindung und Fürsorge. Dann gibt es ein großes „Neugiersystem", das uns anhält, Neues zu entdecken. Das ist das Stimulanzsystem. Und das letzte, das Dominanzsystem, setzt auf Egoismus und Konkurrenz.

Wie arbeiten diese Komponenten zusammen?

Das Stimulanz- und das Dominanzsystem zeigen nach vorne und in die Zukunft. Sie sind sehr handlungsorientiert. Ihre Gegenspieler Balance und Harmonie möchten bewahren und kein Risiko eingehen. Zwischen diesen Systemen entsteht eine Dynamik, weil sie zeitgleich aktiv sind und sich dabei auch mischen. Stimulanz gekoppelt mit Dominanz zum Beispiel führt zu Abenteuerlust, Dominanz in Verbindung mit Balance eher zu Kontrolle.

Wie hilft mir die Map bei der Produktentwicklung?

Weil die Emotionssysteme individuell gemixt werden, hat jeder Mensch einen emotionalen Schwerpunkt. Den müssen Sie treffen, wenn Sie mit Ihren Produkten Erfolg haben wollen. Wenn ich ein Produkt kreiere, muss ich wissen, wem es am meisten nutzt: dem risikobereiten Abenteurer, dem spontanen Hedonisten, dem ehrgeizigen Performer? Das Prinzip können Sie auch auf größere Zielgruppen übertragen. Die Map führt mir die Emotionswelt potenzieller Käuferinnen und Käufer gut vor Augen. Apple zum Beispiel ist vor allem im Stimulanzsystem verortet – bei den Kreativen und Individualisten. Die limbische Welt von Microsoft steht dagegen eher für Disziplin und Kontrolle.

Wie sehr beeinflusst das limbische System denn die Entscheidung „kaufen oder nicht kaufen"?

70 bis 80 Prozent unserer Kaufentscheidungen fallen unbewusst, also emotionsgesteuert. Und auch beim Rest setzt uns das limbische System einen ziemlich engen Handlungsrahmen.

„70 bis 80 Prozent unserer Kaufentscheidungen fallen unbewusst, also emotionsgesteuert."

Und wie kann ich es überzeugen?

Am Ende geht es darum, ein Produkt so anzubieten, dass unsere Emotionen sagen: Jetzt könnte mir das Ganze schmecken – mit Blick auf seine Funktionen, sein Design, aber auch seine kommunikative Verpackung. Bis jemand ein Produkt aber wirklich kauft, kann es manchmal dauern. Im direkten Kundengespräch haben Sie die besten Möglichkeiten. Steht da ein alter Mann oder eine junge Frau? Das gibt erste Hinweise auf den emotionalen Schwerpunkt. Und dann sind noch weitere Merkmale wichtig: Wie ist mein Gegenüber angezogen? Ist die Körpersprache dynamisch oder zögerlich? Was interessiert die Leute? Wie leben sie? Wenn jemand am liebsten zu Hause bleibt, ist er höchstwahrscheinlich ein Traditionsmensch und braucht ein stabiles WLAN. Jemand, der zehnmal im Jahr auf Mountainbiketour geht, ist höchstwahrscheinlich ein Abenteurer und sucht ein gutes Datenpaket. So etwas zu erkennen hilft, das richtige Produkt auszuwählen und entsprechend zu argumentieren.

Stichwort alter Mann und junge Frau: Kaufen Männer und Frauen unterschiedlich ein?

Ja. Sie nehmen auch Kaufsituationen unterschiedlich wahr. Es gibt erhebliche Unterschiede, die im limbischen System begründet sind. Die Daten zeigen uns ein klares Muster. Im Durchschnitt – wohlgemerkt – haben Frauen ein stärkeres Harmonie- und Fürsorgesystem und Männer ein stärkeres Dominanzsystem. Das bedeutet natürlich nicht, dass Frauen hinter den Herd gehören. Auch ich möchte, dass sie die gleichen Chancen haben wie Männer. Aber die Datenlage kann man an der Stelle nicht wegdiskutieren. Produkte jedenfalls, die auf diese limbischen Systeme einzahlen, sind für beide Gruppen unterschiedlich attraktiv. Alles was mit Macht und Technik zu tun hat, interessiert zu 70 Prozent Männer, ästhetische Produkte oder Inneneinrichtungen zu 70 Prozent Frauen. Es gibt immer Ausnahmen, aber man sollte sein Marketing darauf ausrichten, wie die Welt wirklich ist.

Haben Sie einen Tipp? Wie erreicht man diese beiden Gruppen am besten?

Nehmen wir den Autokauf. Mit einem Mann würde ich wahrscheinlich eher über die Motorleistung sprechen, mit einer Frau über die Sicherheitssysteme und die Umweltbilanz.

Wie ändert sich unser Kaufverhalten im Laufe des Lebens?

In jungen Jahren sind wir risikoorientiert und entdeckungsfreudig. Wir bewegen uns im Stimulanz- und Dominanzsystem. Je älter wir werden, desto stärker gehen wir auf Nummer sicher. Expansive Systeme nehmen ab, unser Wunsch nach Stabilität nimmt zu. Je älter wir werden, desto markentreuer werden wir auch. Denn jeder Wechsel ist ja mit Risiken verbunden. Desto mehr möchte man seine Ruhe im Alltag haben und sich nicht permanent mit neuen Anbietern, Verträgen und Konditionen herumschlagen.

Welche Bedeutung hat eine Marke im limbischen System?

Marken sind emotionale Verstärker und Sinngeber. Gute Marken lösen bei Menschen immer Emotionen aus. Aber sie müssen sich mit ihrem Kern im limbischen System klar positionieren. Sie können als Unternehmen nicht gleichzeitig extrem kreativ und extrem traditionell unterwegs sein.

Wo würden Sie ein Unternehmen wie die Telekom verorten?

Einen Marktführer einzuordnen, der in vielen verschiedenen Bereichen mit ganz unterschiedlichen Produkten unterwegs ist, ist immer schwierig. Aber nehmen wir einmal den Slogan „Erleben, was verbindet". Den würde ich vor allem im Balance-System einordnen mit kleinen Ausreißern in Richtung Stimulanz. Die Telekom steht also vor allem für Stabilität, spricht aber mit den Themen Telekommunikation und Digitalisierung immer auch Innovationen an. Sie bietet ein sicheres, aber auch offenes Leben, das auch Neues zu bieten hat. 70 Prozent der deutschen Bevölkerung bewegen sich übrigens genau in diesem Bereich.

Worauf kommt es an, wenn man Kunden langfristig an eine solche Markenheimat binden und neue gewinnen möchte?

Meiner emotionalen Kernbotschaft muss ich treu bleiben und diesen Markenbereich pflegen. Aber man wird immer wieder um die Marke herum Ausflüge machen müssen in andere Emotionsbereiche. Wenn zum Beispiel Traditionsunternehmen eine junge Zielgruppe außer Acht lassen würden, würden sie in den nächsten zehn Jahren Probleme bekommen – nämlich genau dann, wenn sie diese Menschen abholen wollen, um sie in ihre eigentliche Markenheimat zu integrieren.

Unternehmen vermarkten und verkaufen ihre Produkte heute über viele verschiedene Kanäle: Wie wendet man die Limbic Map in einem solchen Omnichannel-System an?

Für alle Kanäle gilt: Je mehr ich über einen Menschen oder eine Zielgruppe weiß, umso besser. Im Store, darüber haben wir ja eben schon gesprochen, können Sie mit einer entsprechenden Schulung am besten finetunen. Im Social-Media-Bereich können Sie kleine Nuancen nicht adressieren. Hier brauchen Sie eine breite, am besten auch limbische Datenbasis, um die Ansprache möglichst zielgenau zuschneiden zu können, zum Beispiel auf alle Hedonistinnen im Alter von 20 bis 25. Auch wenn Sie telefonisch kommunizieren, ist es wichtig, auf persönliche Informationen über die Menschen zurückzugreifen. Ein „kalter" Anruf bringt meistens nichts.

Wie unterscheiden sich die B2B-Welt und die Consumer-Welt?

Die Consumer-Welt ist spontaner. Die Produkte, die man hier verkauft, haben oft einen großen hedonischen Wert. Und je mehr der Hedonismus dominiert, desto weniger reflektiert werden die Einkäufe. Im B2B-Segment hingegen haben Produkte für die, die sie kaufen, keinen großen persönlichen Wert. Man kauft ja für das Unternehmen und nicht für sich selbst. In der Regel sind an der Einkaufsentscheidung zudem auch mehrere Menschen beteiligt. Trotzdem läuft auch das emotional ab und die Grundmechanismen dahinter sind die gleichen. Alle Beteiligten – vom Finanzchef bis zum Produktionsleiter – bringen ihre eigenen emotionalen Interessen mit. Auch Dienstleistungen sind übrigens ein sehr emotionales Thema. Das Balance-System will wissen: Wer kümmert sich um mein Firmennetz, wenn ich Probleme habe? Und kann ich mich auf die Leistungszusagen verlassen? Das Dominanz-System fragt: Wie schnell ist der Techniker vor Ort? Das Stimulanz-System interessiert sich für Innovationen. Egal wie man es durchdekliniert: Man kommt immer wieder bei den Emotionen und der Limbic Map an.

Angesichts dieser ganzen Komplexität – kaufen Sie eigentlich noch gerne ein?

Klar. Ich kann einkaufen noch genießen. Ich sitze nicht wie ein Asket in der Wüste und verweigere mich dem Konsum. Ich bin zum Beispiel ein Technikfreak. Ich habe Freude an einer Smartwatch oder an einem neuen Handy. Ich kaufe aber nicht alles und achte sehr auf den Preis. Aber auch ich komme natürlich aus meinen Emotionssystemen nicht heraus.

Was raten Sie denen, die trotz aller Emotionen vernunftgeleitet einkaufen wollen?

Das Beste, was man machen kann: Nie spontan kaufen. Wenn Sie in der Stadt die supercoole Jeans gesehen haben, gehen sie erst einmal einen Cappuccino trinken. Man muss Distanz schaffen zwischen Kaufwunsch und Kauferfüllung und unserem eher reflexiven Großhirn auch eine kleine Chance geben.

„Das Beste, was man machen kann: Nie spontan kaufen. Wenn Sie in der Stadt die supercoole Jeans gesehen haben, gehen Sie erst einmal einen Cappuccino trinken."

DR. HANS-GEORG HÄUSEL

Hans-Georg Häusel ist Vordenker des Neuromarketings und zählt international zu den führenden Experten in der Marketing-, Verkaufs- und Management-Hirnforschung. Das von ihm entwickelte Limbic® Modell gilt als das wissenschaftlich fundierteste Instrument zur Erkennung bewusster und unbewusster Lebens- und Kaufmotive sowie zu einer neuropsychologischen Zielgruppensegmentierung und Persönlichkeitsmessung. Er ist Dozent an der Hochschule für Wirtschaft in Zürich und arbeitet als Seniorpartner projektbezogen für die Gruppe Nymphenburg Consult AG. In seiner Freizeit ist Hans-Georg Häusel begeisterter Bergläufer und Mountainbikefahrer, er liest viele Fach- und Sachbücher und fliegt leidenschaftlich gerne mit dem Hubschrauber. Sein Lebensmotto ist der kategorische Imperativ von Kant: „Handle nur nach derjenigen Maxime, durch die du zugleich wollen kannst, dass sie ein allgemeines Gesetz werde."

Metaverse und die Zukunft des Handels

NFT

Metaverse, Web3, NFTs – die neuen Entwicklungen im Internet rund um die Blockchain-Technologie und 3D-Erlebnisse haben das Potenzial, eine vollkommen neue Phase der digitalen Transformation einzuleiten. Warum das so ist, welche Entwicklungen dazu beitragen und welche Auswirkungen diese auf die Handelsbranche haben, erklärt Handelsexpertin Marilyn Repp.

Eben war man noch ein eckiges Lego-Männchen, im nächsten Moment verwandelt man sich in eine schlanke weiße Gestalt, erkundet Räume, springt gemeinsam mit anderen Avataren in einen Pool, probiert Kleider an, streift an Vitrinen mit Modeaccessoires vorbei, kauft vielleicht sogar eine schicke, digitale Handtasche oder macht einfach ein wenig Small Talk.

Als die Modemarke Gucci sich Mitte Mai 2021 entschied, mit „Gucci Garden" einen temporären digitalen Erlebnisraum inmitten der virtuellen Welt des Online-Games „Roblox" zu eröffnen, war das unter Marketing-Gesichtspunkten nur konsequent. Roblox zählt zu den größten Gaming-Plattformen der Welt. Dort tummeln sich monatlich 190 Millionen hochkreative, junge Teenager, allesamt potenzielle Kundinnen und Kunden von morgen. Und sie verbringen viel Zeit in der virtuellen, in Lego-Ästhetik gestalteten Welt. Denn diese hat einiges zu bieten. Kinderleicht ist es dort möglich, die virtuelle Welt gemeinsam mit Leben zu füllen. Vom Bau einzelner Gebäude bis ganzer Städte. Auch Szenen aus dem Alltag werden gerne nachgespielt. Damit kommt Roblox schon ziemlich nah heran an die Vision einer virtuellen Parallelwelt, eines digitalen Universums, in der in Zukunft immer mehr Menschen große Teile ihres Lebens verbringen: das Metaverse. In ihr verschmelzen virtuelle Welt, erweiterte Realität und die echte Welt. Die Nutzer:innen bewegen sich darin nahtlos zwischen verschiedenen virtuellen Räumen und Anwendungen. Einloggen, Ausloggen, Passworteingabe, Öffnen von Apps und Browser wird dabei nicht mehr nötig sein, man legitimiert sich durch eine anwendungsübergreifende digitale Identität. Als deren Abbild können sich die Nutzer:innen einen Avatar anlegen.

Inzwischen zeigen nicht nur Gucci, sondern auch andere Modemarken Präsenz auf Plattformen wie Roblox. Auch die virtuelle Welt Decentraland oder der Shooter Fortnite ist für Firmen interessant, um die jüngere Zielgruppe anzusprechen. Denn der digitale Modebereich wächst. Für viele Menschen, die nicht der Generation Z angehören (geboren 1997–2012), ist es zwar kaum vorstellbar, echtes Geld für digitale Güter auszugeben. Morgan Stanley jedenfalls sieht erhebliches Potenzial. Die Bank-Analysten schätzen den Markt für Digital Fashion im Jahr 2030 auf 50 Milliarden US-Dollar.

Digitale Parallelwelt

Geprägt wurde der Begriff Metaverse in seiner heutigen Bedeutung durch den US-amerikanischen Schriftsteller Neal Stephenson. In seinem 1992 erschienenen Science-Fiction-Roman „Snow Crash" beschrieb er eine virtuelle Realität, die alle Menschen weltweit miteinander vernetzt. In dieser digitalen Alternative zur echten Welt gibt es Läden, Kneipen, billige und teure Häuser. Die Menschen bewegen sich mit ihren Avataren umher, ähnlich wie derzeit in den großen Online-Rollenspielen. Dabei sehen sie schick aus, wenn die Nutzer vermögend sind, oder grau und verpixelt, wenn der Besitzer oder die Besitzerin eher knapp bei Kasse ist.

Was nun aktuell genau unter einem Metaverse zu verstehen ist, wird noch debattiert. Einen Vorschlag machte Matthew Ball, amerikanischer Investor, Autor und Gründer, in einem 2020 veröffentlichten, viel beachteten Essay und prägte damit die öffentliche Debatte und die Vorstellung über die Zukunft des Internets. Mark Zuckerberg, Chef des Meta-Konzerns – vormals Facebook – machte den Aufsatz zur Pflichtlektüre für alle seine Mitarbeitenden.

Nach Ball zeichnet sich das Metaverse durch acht Hauptmerkmale aus: Es kann weder pausiert noch beendet werden **(1)**, es hat keinen Besitzer **(2)**, es findet in Echtzeit statt, handelt sich also um kein Video und keine Aufzeichnung **(3)**, beliebig viele Nutzer:innen können an ihm teilnehmen **(4)**, es hat seine eigene Wirtschaft, die mit der echten, analogen Wirtschaft verknüpft ist, aber doch auch eigenständig funktionieren kann **(5)**, es verknüpft die reale, physische mit der digitalen Welt **(6)**, digitale Objekte lassen sich in verschiedene Anwendungen und Räume transportieren, ein in einem Online-Spiel gekaufter Gegenstand kann auch in anderen Anwendungen genutzt werden **(7)**. Wenn man sich etwa in einem Online-Spiel einen virtuellen Gegenstand kauft, kann man diesen auch in anderen Anwendungen verwenden, die Inhalte des Metaverse werden von den Nutzer:innen selbst gestaltet und erstellt **(8)**.

Das Metaverse existiert noch nicht

Das heißt auch: Plattformen wie Roblox und Fortnite bieten zwar eigene virtuelle Welten, aber die einzelnen Plattformen sind voneinander isoliert. Denn man betritt sie einzeln, schließt das eine Spiel und öffnet das nächste wieder. Gegenstände, die man in einem Game erworben hat (etwa schicke digitale Sneaker), verbleiben im Spiel oder werden als kryptische Information auf dem eigenen Wallet (der digitalen Geldbörse) gespeichert. Für ein neues Spiel wähle ich wieder einen Avatar und dieser muss dann leider ohne die neuen Schuhe auskommen. Solange das Erlebnis also nicht immersiv ist, macht es eigentlich keinen Sinn, von Metaverse zu sprechen. Wann es so weit sein

„Wir haben es eher mit einer Evolution als mit einer Revolution zu tun. Das Metaverse wird Schritt für Schritt entstehen."

wird, kann derzeit niemand sagen. Sicher ist aber: Wir haben es eher mit einer Evolution als mit einer Revolution zu tun. Das Metaverse wird Schritt für Schritt entstehen.

Das liegt auch an einem weiteren Punkt. Die technologischen Möglichkeiten, die eine solche virtuelle Meta-Welt möglich machen, sind noch gar nicht ausreichend vorhanden. Um das Metaverse immersiv und ruckelfrei erleben zu können, müssen große Datenmengen in Echtzeit übertragen werden können. Dazu benötigt man 5G. Derzeit ist aber sogar die Vorstufe der Übertragungstechnologie LTE oder 4G selbst in vielen Industrieländern noch nicht flächendeckend verfügbar. Darüber hinaus sind die derzeit am Markt verfügbaren VR-Brillen, eine der wichtigsten Zugänge zur virtuellen Parallelwelt, alle noch klobig, schwer und unpraktisch. Außerdem erzeugt das virtuelle Eintauchen bei vielen Menschen Übelkeit und eine Überanstrengung der Augen. An kleinen, leichten Datenbrillen forschen die Industrie und auch das Militär mit Hochdruck. Sie werden in Zukunft die echte Realität mit der digitalen Welt – dem Metaverse – spielerisch verbinden, ohne dass man sich durch ein unhandliches Gerät komplett von der Umgebung abgeschottet fühlt. Es wird vermutlich noch eine Weile dauern, bis sie für den Massenmarkt verfügbar sind.

Das Metaverse wird außerdem über verschiedene Endgeräte zugänglich sein. In den derzeit kursierenden Abbildungen und Beschreibungen sind meist Personen mit VR-Brillen zu sehen, die in der Luft herumwedeln und -wischen. Es ist richtig: Die Metaverse-Experience wird zunehmend in 3D stattfinden, während wir uns aktuell noch vor allem zweidimensional durch das Internet bewegen. Trotzdem wird man auch mit anderen Devices auf das Metaverse zugreifen können. Ob es der kurze Plausch mit der Freundin über die Smartwatch ist oder die Recherche zu einem Gericht beim Lieblingsitaliener über die Augmented-Reality(AR)-Anwendung am Smartphone. Denn auch AR wird eine wichtige Rolle im Internet der Zukunft spielen und bezeichnet das virtuelle Überblenden von Informationen auf die analoge Umgebung: Die Smartphone-Kamera zeigt den Küchentisch, während die App darauf Rezeptinformationen einblendet. Denkbar sind auch Zugänge, die wir heute noch nicht kennen. Hoch im Kurs sind Geräte, die Gegenstände oder Personen scannen und als 3D-Abbilder in einen Raum projizieren können. Eine Funktion, die vielleicht bald zur Grundausstattung handelsüblicher TV-Geräte gehört.

Auf dem Weg ins Web3

Wie verhält sich das Metaverse in Abgrenzung zu einem weiteren, gerade heiß diskutierten Trend: dem Web3? Unter Web3 versteht man eine neue Evolutionsstufe des Internets – die nächste Phase nach Web1 und Web2. Als Web1 wird gemeinhin der Zeitraum von Anfang der 1990er-Jahre bis etwa 2004 bezeichnet, geprägt durch statische Webseiten und Inhalte, die keine Interaktion zuließen und damit eher ein Abbild der analogen Welt waren – wie etwa Zeitungsartikel. Die Nutzer:innen waren reine Konsument:innen und hatten in der Regel keine Möglichkeit, zu interagieren und selbst aktiv zu werden. Die zweite Stufe des World Wide Web begann etwa Mitte der 2000er-Jahre und ist geprägt von Inhalten, die Nutzer:innen selbst gestalten. Social Media und Blogs sind schillernde Beispiele für diese Phase, in der wir uns derzeit noch immer befinden. Nach wie vor sind große Plattformen in der Hand weniger Firmen, die als zentrale Gatekeeper der Wertschöpfung agieren und im Besitz der Nutzer:innendaten sind.

Das wird sich, so zumindest die Hoffnung, im Web3 ändern. Sein Hauptmerkmal ist Dezentralität, ermöglicht durch eine prägende Technologie: die Blockchain. In einer Art digitalem Logbuch werden Daten nicht mehr zentral verwaltet, sondern dezentral auf vielen verschiedenen Servern weltweit gespeichert. Das macht sie sicher vor Fälschung und emanzipiert die Nutzer:innen von den Plattformen, indem sie ihre Daten, anders als bei den Inhalten im Web2, nach Belieben für einzelne Anwendungen freigeben oder verbergen. Der Begriff Web3 beschreibt also das Internet der Zukunft in seiner Gesamtheit und als Vision eines dezentralen, von Nutzer:innen kontrollierten Online-Ökosystems. Das Metaverse ist ein Teilaspekt dieser neuen digitalen Welt und baut auf dessen Basistechnologie Blockchain auf. Sie ist entscheidend, die neue virtuelle Welt auch effektiv nutzen zu können. Denn Kryptowährungen wie Bitcoin, die ohne Blockchain nicht denkbar wären, können die Grundlage von Wirtschafts- und Geldsystemen im Metaversum bilden.

„Der Begriff Web3 beschreibt also das Internet der Zukunft in seiner Gesamtheit und als Vision eines dezentralen, von Nutzer:innen kontrollierten Online-Ökosystems. Das Metaverse ist ein Teilaspekt dieser neuen digitalen Welt und baut auf dessen Basistechnologie Blockchain auf."

Enormer Energieverbrauch

Wie im Falle des Metaverse gibt es auch beim Web3 und spezifisch bei der ihm zugrundeliegenden Blockchain technische Hürden zu überwinden. Denn sowohl das „Schürfen", also das digitale Erzeugen von Kryptocoins, als auch das „Minten"– so nennt man das Umwandeln von digitalen Dateien in ein Blockchain-Produkt – verbraucht extrem viel Energie. Wenn man sich vorstellt, dass eine Information auf unzähligen Rechnern weltweit gespeichert wird, so bedeutet dies einen hohen Einsatz von Ressourcen.

Das bringt der Blockchain-Technologie in Anbetracht des Klimawandels immer wieder enorme Kritik ein. Im Jahr 2021 verbrauchte allein der Bitcoin mehr Strom als das Land Norwegen. Derzeit entstehen immer mehr Anwendungen auf Basis der Blockchain-Technologie – der NFT-Hype auf dem Kunstmarkt in den Jahren 2021 und 2022 ist dabei nur ein Teilbereich. Ein NFT (Non-Fungible Token) basiert auf der Blockchain-Technologie – das Eigentumsverhältnis ist also absolut fälschungssicher abgebildet. Solange das Problem Energiebedarf nicht zumindest bedeutend gemindert wird, bleibt das Metaverse zumindest ethisch fragwürdig, denn die Klimakrise wird sich tendenziell eher verschärfen.

„Anders als im wirklichen Leben sind die Möglichkeiten in der digitalen Welt nicht begrenzt – der Kreativität sind keine Grenzen gesetzt. Was beide Welten aber eint, ist der Wunsch der Menschen nach echten Erlebnissen."

Kundenbindung und Conversion

Was bedeuten Web3 und Metaverse für den Handel der Zukunft? Durch die nah an der Realität angelehnten Erlebnisse wird es künftig auch neue Formen des Marketings, der Kundenbindung und der Kundenansprache geben. Man stelle sich die Potenziale für die Kundenberatung vor. 3D-Erlebnisse wie die Probefahrt mit dem potenziellen neuen Auto, die Anprobe von Mode am eigenen digitalen Zwilling, das Live-Kundengespräch mit einer Kosmetikberaterin. Für viele Kosmetikunternehmen ist Digital Make-up bereits ein Thema. So wagten sich schon Clinique, Estée Lauder, Clarins, L'Oréal und viele weitere in Metaverse- und Web3-Projekte.

Das Web3 könnte auch einen positiven Effekt auf die Bereiche Kundenbindung und Conversion haben. Diese leiden nämlich inzwischen unter der immer kürzeren Aufmerksamkeitsspanne potenzieller Käufer:innen. Plattformen wie Instagram, Snapchat und TikTok hätten diese durch das 2020 eingeführte „Reels"-Feature inzwischen so drastisch reduziert, dass sogar Nachteile für Werbetreibende entstehen könnten, warnten kürzlich Analysten der Wall Street. So werde es immer schwieriger, in den Kurzbeiträgen „Direct Response"-Anzeigen zu schalten. Diese sollen Nutzer:innen zur Interaktion motivieren (sich anmelden oder einen Kauf tätigen) und auf diese Weise die Effektivität der Werbung testen. Würden es die immersiven und realitätsnahen Erlebnisse des Metaverse schaffen, den Trend umzukehren, ergäben sich hier große Chancen und Potenziale für den Handel.

Die Erlebnisse und Erfahrungen im Internet hatten schon immer großen Einfluss auf die Erwartungen an Informations- und Unterhaltungsformaten der Kund:innen. Oder anders gesagt: Die Formate, die wir aus dem privaten Umfeld kennen, erwarten wir früher oder später auch im Shopping-Kontext. Auch deshalb sollten sich Marken, Hersteller:innen und Händler:innen immer über digitale Trends informieren. Denn diese Gewohnheiten prägen eben auch den Business-Kontext.

Erlebnis und Inspiration

Schon heute finden Konzerte in Online-Games wie Fortnite statt, die Millionen Spieler:innen live besuchen. 2021 waren zeitgleich 12 Millionen Gäste beim Konzert von US-Rapper Travis Scott auf der Gaming-Plattform Fortnite. Zu solchen Gelegenheiten könnten in Zukunft passende Produkte platziert werden, wie etwa das Outfit des Künstlers oder Merchandise-Artikel. Außerdem wäre es möglich, Sponsoring-Partnern einen virtuellen Stand zur Verfügung zu stellen. Oder man spricht die anderen Avatare einfach an, wenn einem das Outfit (unter Gamern auch Skin genannt) gefällt. Anders als im wirklichen Leben sind die Möglichkeiten in der digitalen Welt nicht begrenzt – der Kreativität sind keine Grenzen gesetzt. Was beide Welten aber eint, ist der Wunsch der Menschen nach echten Erlebnissen.

Ebenso wird das Bedürfnis nach Inspiration zentral sein im Internet der Zukunft. Das war es schon im Web2, also in der schillernden Welt der Social Media. Der Wunsch der Kund:innen nach Inspiration hat einen vollkommen neuen Beruf entstehen lassen: den der Influencerin oder des Influencers. Dieser wird auch im Metaverse weiterhin gefragt sein, bei Marken, Herstellern und für den Handel. Und Influencer:innen werden noch mehr Möglichkeiten im Metaverse haben. Schon heute finden Shootings oft nicht mehr vor Ort statt. Die Kleidung wird einfach digital auf Fotos oder Videos gebastelt. Das gibt einen ersten Einblick in zukünftige Formen der Zusammenarbeit und Möglichkeiten im Marketing. Benötige ich etwa ein Outfit für eine Familienfeier, so lasse ich mich inspirieren: via Influencer:innen, Freund:innen oder Videos. Die virtuelle Anprobe mithilfe von Augmented-Reality-Anwendungen gibt es bereits, wenn auch noch nicht komplett überzeugend in der technischen Ausführung.

Noch immer finden viele Menschen Inspiration für den beschriebenen Anlass der Familienfeier in stationären Ladengeschäften. Lohnt es sich also für Handelsunternehmen, auch im Metaverse auf diese Weise präsent zu sein? Also eine Filiale als digitalen Zwilling im virtuellen Raum zu betreiben? Eher nicht. Im echten Leben dürfen Kund:innen im echten Laden echte Haptik, echtes Erleben und eine im Idealfall freundliche Beratung erwarten. Und haben die Möglichkeit, sich nach dem Shopping bei einem Cappuccino im Café nebenan zu entspannen. Virtuelle Erlebnisse bieten nur dann einen Mehrwert, wenn sie die Möglichkeiten der digitalen Welt nutzen. Daher müssen Marken, Hersteller und Handel darauf achten, die Bedürfnisse der Kund:innen im Metaverse zu bedienen: Erlebnis und Inspiration gehören dazu. Und es wäre ein Fehler, das Web3 lediglich als zusätzlichen Vertriebskanal zu sehen. Ziel sollte es immer sein, sich in die Kund:innen hineinzuversetzen, ihnen Unterhaltung und eine gute Zeit zu schenken. Wer das schafft, wird belohnt mit einer treuen Community. Wobei wir beim nächsten zentralen Merkmal des Web3 angekommen wären.

> „Ziel sollte es immer sein, sich in die Kund:innen hineinzuversetzen, ihnen Unterhaltung und eine gute Zeit zu schenken. Wer das schafft, wird belohnt mit einer treuen Community.“

Reichweite und Communitys

Denn im Web3 wird es außerdem, wie auch schon im Web2, um Reichweite und Communitys gehen. Sogenannte Discords sprießen gerade wie Pilze aus dem Boden. Discord ist ein Kommunikationsdienst, der zunächst hauptsächlich von der Gamer Community genutzt wurde. Es gibt keinen Newsfeed, keinen Algorithmus und keine Likes. Dafür finden sich hier Gruppen zusammen, die sich zu ihren Hobbys oder Interessen austauschen – teilweise mehrere Hunderttausend Menschen groß. Darüber hinaus hat das Bedürfnis vieler Menschen nach themenspezifischem Austausch, Gemeinschaft und echter Mitbestimmung enormes Potenzial für den Handel. Bislang überwiegen Krpyto-, Web3- und metaverseaffine Nutzer:innen, doch entdecken zunehmend auch andere Interessengruppen die Plattform für sich.

Token-Gated Commerce

Auch bei vielen NFT-Projekten geht es um den Aufbau von Communities. Denn wer ein NFT von einem Unternehmen oder einer Künstlerin oder einem Künstler erwirbt, baut einen direkten Draht zum Verkäufer oder der Verkäuferin auf. Mit sogenannten „Airdrops" werden die NFT-Holder immer wieder kontaktiert und incentiviert. Airdops funktionieren ähnlich wie eine Dividende für Aktionäre. Das Unternehmen hat jederzeit die Möglichkeit, digitale Güter zu verschenken und einen Call-to-Action auszugeben. Durch die Beteiligungsmöglichkeiten eines solchen „Token-Gated Commerce" sind völlig neue Mitbestimmungsprozesse denkbar.

Denn das Web3 wird die Machtstrukturen im Internet demokratisieren. Dass die Daten der einzelnen Nutzer:innen irgendwann via Blockchain auch zentral von den einzelnen Personen verwaltet werden, gilt als gesichert. Schon jetzt beteiligen einzelne Marken ihre Community aktiv an den Kreationen. Das Ergebnis: Produkte, die noch besser gefallen und eine sehr treue Fangemeinde, die selbst zu Markenbotschafter:innen werden. Diese neue digitale Organisationsform im Web3 hat drei Buchstaben: DAO – Dezentrale Autonome Organisation. Auch sie wird über die Blockchain gesichert und organisiert. Ein Demokratisierungsprozess, wie es ihn noch nie gab im Internet!

Direkt zu den Kund:innen

Auch das Thema Direct-2-Consumer (D2C) wird noch präsenter werden. Durch den E-Commerce-Boom der vergangenen Jahre und Jahrzehnte sind Hersteller und Marken immer weniger auf den Handel angewiesen. Der Zugang zu Kund:innen konnte durch Plattformen, aber auch eigene Webshops schnell umgesetzt werden. Das lohnt sich allerdings nur für bestimmte Produkte oder Produktgruppen, die eine starke Emotionalisierung des Kunden hervorrufen. Die meisten Lebensmittel, sogenannte Fast Moving Consumer Goods (FCMG), oder auch Fast Fashion gehören eher nicht dazu – Hersteller dieser Güter werden nach wie vor auf den Handel setzen.

„Viele Händler:innen werden unter den Marktverschiebungen leiden, die das Metaverse mit sich bringt. Andere werden die neuen Möglichkeiten nutzen und Kernkompetenzen wie Beratung, Kuratieren von Produktangeboten und Aufbau von Beziehungen zu Kund:innen weiter ausbauen."

D2C ist für den Handel Herausforderung und Chance zugleich. Viele Händler:innen werden unter den Marktverschiebungen leiden, die das Metaverse mit sich bringt. Andere werden die neuen Möglichkeiten nutzen und Kernkompetenzen wie Beratung, Kuratieren von Produktangeboten und Aufbau von Beziehungen zu Kund:innen weiter ausbauen.

Chancen für den stationären Handel

Die Marktanteile des Online-Handels wachsen jedes Jahr, die Coronapandemie hat den Trend noch weiter beschleunigt. Ein Ende ist derzeit noch nicht absehbar, nach wie vor steigt die Anzahl derjenigen Branchen und Projektgruppen, die in den E-Commerce abwandern. Vor zehn Jahren behaupteten Handelsexpert:innen felsenfest, dass der Online-Verkauf von Schuhen keinesfalls funktionieren würde. Sie wurden vom Gegenteil überzeugt. Auch für den Lebensmittelhandel war es vor einigen Jahren schwer vorstellbar, dass einmal so viele Menschen Online-Lieferdienste in Anspruch nehmen würden. Die Quick-Commerce-Anbieter bewiesen in den Pandemiejahren, dass auch sie den alteingesessenen und scheinbar fest im Sattel sitzenden Platzhirschen des Lebensmitteleinzelhandels Marktanteile abringen können.

Web3 und Metaverse haben das Potenzial, diese Prozesse noch zu verstärken. Was also kann der stationäre, gerade kleine und mittlere Einzelhandel dem entgegensetzen? Die Antwort lautet auch hier: das Erlebnis, und zwar im physischen, persönlichen, zwischenmenschlichen Sinn, das Gespräch, die Beratung, die haptische Inspiration, das Einkaufserlebnis gepaart mit Events in der Innenstadt und guter Gastronomie. Umfragen zeigen, dass auch sehr junge Zielgruppen der Generation Y (geboren 1981–1996) und Z (geboren 1997–2012) das echte Einkaufserlebnis in der Innenstadt schätzen und nicht missen wollen. Wer das als Einzelhändler:in gut macht, wird auch in Zukunft gute Chancen haben.

Ob es im Metaverse Plattformen und Online-Marktplätze geben wird wie im Web2, bleibt abzuwarten. Wahrscheinlich ist es. Allerdings wird das nicht für alle Marken und Hersteller gelten, denn die Kosten sind vergleichsweise hoch. Eine Vertriebspräsenz in der virtuellen Welt lohnt sich vor allem für hochpreisige Produkte.

KMU im Metaverse

Was können Einzelhändler:innen tun, um ins Metaverse einzusteigen? Derzeit sind die Möglichkeiten noch begrenzt. Aber warum nicht Bitcoin oder Ether als Zahlungsmittel im Store akzeptieren? Das kann auch eine gute Marketing-Aktion für die Lokalpresse sein und sorgt für Aufsehen. Gerade wenn man junge Zielgruppen ansprechen will, lohnt es sich, darüber nachzudenken. Rechtlich ist das unproblematisch.

Außerdem gibt es bereits einige NFT-Funding-Projekte kleinerer Unternehmen. Ein Beispiel ist der estnische Eierproduzent Tanel Tang. Als seine Hausbank ihn nicht dabei unterstützen wollte, eine kurzfristige Finanzierungslücke zu schließen, bot er seinen Kund:innen NFTs mit einer Gewinnbeteiligung an. Bereits nach 24 Stunden waren 65 Prozent der angebotenen NFTs verkauft. Allerdings hatten Tangs Bioeier bereits eine große Fan-Community und Bekanntheit in der Region. Mit derselben Strategie hatte auch die deutsche Profi-Rennfahrerin Laura-Marie Geissler Erfolg. Als Geissler Sponsorengelder für die Saison 2022 fehlten – in einem stark von Männern dominierten Sport leider immer noch ein Problem – sammelte sie diese mit dem Verkauf von NFTs an ihre Community ein.

Es ist damit zur rechnen, dass viele der aktuell laufenden Metaverse- oder NFT-Projekte irgendwann wieder eingestellt werden. Ausprobieren, scheitern, ausprobieren, nächstes Projekt und wieder von vorn – so funktioniert Innovation. Wer sich früh engagiert und Rückschläge nicht scheut, hat allerdings gute Chancen, zu den First Movern zu gehören – der Speerspitze einer neuen, aufregenden Welt des Handels.

„Ausprobieren, scheitern, ausprobieren, nächstes Projekt und wieder von vorn – so funktioniert Innovation."

MARILYN REPP

Raus aus der Komfortzone – rein in die Zukunft! Das ruft Marilyn Repp den Unternehmen der Handelsbranche zu. Sie ist als Speakerin und Autorin eine gefragte Handelsexpertin und beschäftigt sich seit vielen Jahren mit Digitalisierung, Innovationen und Trends im Handel. Beim Handelsverband Deutschland leitet sie als stellvertretende Geschäftsführerin das Mittelstand-Digital Zentrum Handel – die Anlaufstelle für Digitalisierung für mittelständische Händler:innen. In ihrem Podcast „Zukunft des Einkaufens" ordnet und übersetzt sie die neuesten Technologietrends für die Branche, zuletzt vor allem Metaverse- und Web3-Themen. Marilyn Repp lebt mit ihrem Mann und ihrem Sohn in Berlin. Erholen kann sie sich bei Sport und Bewegung. Sie liebt das Neue, Innovationen, urbane Kultur und moderne Kunst.

Andere Länder, andere Sitten

Kunden und Kundinnen zu verstehen, ihre Bedürfnisse und Wünsche so genau wie möglich zu erspüren, ist so herausfordernd wie überlebenswichtig für jedes Unternehmen. Erfolg werden dabei nur jene haben, die auch den kulturellen Kontext mitdenken.

Wer jemals auch nur seinen Wohnort verlassen hat, kennt das Phänomen: Woanders wird nicht nur anderes gegessen (Walfischhaut in Grönland, Rindersehnensalat in China). Es wird auch anders gebaut, anders gewohnt, anders und anderes gefeiert – Chanukka statt Weihnachten etwa. Vor allem aber bestimmen andere Werte und Bedürfnisse das Denken und Fühlen verschiedener Kulturen. In den USA etwa ruft ein hochtouriges Airconditioning ein Gefühl von Luxus hervor, weil dort die teuersten Läden oft die kühlsten sind, während sich Europäer oft beklagen, wenn sie bei Temperaturen shoppen sollen, bei denen sich selbst Pinguine etwas überziehen würden.[1] In Österreich verpackt man selbst die leiseste Kritik in solche Unmengen von Charme, dass sie gar nicht mehr als solche zu erkennen ist. Mit der Konsequenz, die mir einmal ein Wiener Spitzengastronom schilderte: „Wir mussten einen exzellenten deutschen Koch entlassen, weil ich wegen seiner Direktheit praktisch nach jeder seiner Arbeitsschichten bei den Beschäftigten Tränen trocknen musste." Und in Japan hebt man mit einem Tattoo nicht etwa den Hipster-Faktor, man bekommt vielmehr Probleme. Etwa wenn man vorhat, ein Onsen, eine öffentliche Sauna, zu besuchen. Lange galten Tattoos als Mitgliedsausweis der kriminellen Organisation Yakuza.

XXL-Fettnäpfchen

Die Liste der kleinen Unterschiede ließe sich endlos fortsetzen – alles Folgen des jeweiligen kulturellen Bezugssystems an Werten, Haltungen, Fähigkeiten, Verhaltensweisen und Bedeutungen, die wir einer Sache beimessen. Familie und Umfeld legen es tief in uns an und so strahlt es praktisch auf jedes Spurenelement unseres Alltags aus. Also auch darauf, was Kundinnen und Kunden von Produkten und Dienstleistungen erwarten.

Was sie brauchen, um sich wohl, also geliebt und verstanden zu fühlen. Dies mit maximaler Treffsicherheit herauszufinden, ist für global agierende Unternehmen längst eine überlebenswichtige Herausforderung. Dabei geht es um mehr, als bloß die XXL-Fettnäpfchen zu vermeiden. Ein bekanntes Beispiel ist jenes, in das Pepsi vor Jahren trat, als das Unternehmen sich entschied, die Farbe seiner Verkaufsautomaten in Südostasien von Königsblau auf Hellblau umzustellen. Sofort brach der Umsatz ein. Denn Hellblau ist die Farbe, die in Südostasien mit dem Tod assoziiert ist.[2] Mindestens ebenso wichtig, wie die großen kulturellen Besonderheiten im Blick zu haben, ist es aber, auch in jene Bereiche der Kundenpsyche vorzudringen, in der die kulturell geprägten Erwartungen, Vorlieben, Bedürfnisse abgelegt sind. Und zwar so versteckt, dass nicht mal der Kunde sich ihrer bewusst ist.

Stimme der Vernunft

Ganz so wie in der Liebe, wo man ja auch keine Ahnung hat, warum genau man sich heillos in Fred oder Charlotte verliebt und nicht in Henry oder Caja. Obwohl die mindestens so gut aussehen und vielleicht sogar noch ein wenig besser passen würden. Der Psychologe und Marketingexperte Clotaire Rapaille spricht vom „kulturellen Unbewussten", das unsere Beziehungen zu Produkten und Dienstleistungen bestimmt. Er erläutert das Phänomen an einem Beispiel aus seiner Praxis. Im Auftrag von Chrysler befragte er amerikanische Testpersonen, nach welchen Kriterien sie ein Auto auswählen würden. In den ersten Antworten war noch deutlich die Stimme der Vernunft zu erkennen: „Treibstoffverbrauch, Sicherheit, technische Verlässlichkeit." Je mehr die Befragten im Anschluss jedoch Gelegenheit bekamen, sich mit ihren Erinnerungen an bestimmte Autos aus der Vergangenheit zu beschäftigen, umso klarer wurde, was den amerikanischen Verbraucher wirklich glücklich macht: „Sie wollten Freiheit. Sie wollten ein sinnliches Erlebnis."[3]

Die ultimative Frage

Und am Ende wollten sie, dass da jemand kommt, der eben jene Wünsche und Erwartungen, von denen sie selbst nicht einmal wissen, dass sie sie haben, aufgreift und in ihr Traumauto verwandelt. Eine Erkenntnis, die einen zwar voran, aber auch bis an die Grenzen der meisten Kundenbefragungen bringt. Würde man etwa wissen wollen, was einem Amerikaner beim Essen wichtig ist – dann würde er vermutlich Nährwert, Kalorien und all die anderen vernünftigen Argumente anführen. Trotzdem stieg nach dem Einsturz des World Trade Centers nicht der Absatz von Selleriestangen, Reiscrackern und Blattsalat, sondern von typischen Kindergerichten wie Macaroni & Cheese und Mashed Potatoes & Brown Gravy, die nicht unbedingt zur Basis einer ausgewogenen Ernährung zählen dürften. Warum? Vermutlich, weil die Menschen in

„Mindestens ebenso wichtig, wie die großen kulturellen Besonderheiten im Blick zu haben, ist es aber, auch in jene Bereiche der Kundenpsyche vorzudringen, in der die kulturell geprägten Erwartungen, Vorlieben, Bedürfnisse abgelegt sind."

ihnen Trost und Halt suchen. Die entscheidende Frage muss also jene sein, die Fred Reichheld, Director Emeritus von Bain & Company, bereits 2003 stellte: „Wie hoch ist die Wahrscheinlichkeit, dass Sie unser Unternehmen/unsere Marke/unsere Dienstleistung weiterempfehlen?“ Im Marketing-Kosmos gilt sie seither als „ultimative Frage“.

Orientierung im Gefühlshaushalt

Das ist nachvollziehbar: Mundpropaganda, so könnte man argumentieren, ist noch immer der überzeugendste Ausdruck für den Gipfel der Zufriedenheit und also für die Loyalität eines Kunden. Und darin sind ebenso die vernünftigen wie die emotional gefärbten Gründe, warum einem etwas gefällt, eingepreist. Lässt man Kundinnen und Kunden auf Reichhelds Frage mit einem Wert von 0 (unwahrscheinlich) bis 10 (äußerst wahrscheinlich) antworten, erhält man eine Messgröße, die Fred Reichheld Net Promotor Score (NPS) nannte. Dabei wird der Anteil derer, die das Produkt oder die Dienstleistung sehr gut finden (Werte zwischen 9 und 10), um den Anteil der Kritiker (Werte zwischen 0 und 6) reduziert. Ja, es ist kompliziert. Und es wird noch komplizierter – wie immer, wenn man in anderer Menschen Gefühlshaushalt Orientierung sucht. Denn so zuverlässig dieses Messinstrument eigentlich überall auf der Welt funktionieren müsste, es zeigt auf seine Weise erneut, dass der kulturelle Kontext mitgedacht werden sollte.

Untertemperiert

Während nämlich die Amerikaner ihre Zustimmung am häufigsten mit einem Wert von 9 ausdrücken und damit einmal wieder ihren Ruf als grundsätzlich optimistisch bestätigen, neigen andere eher zum Understatement. Chinesen etwa vergeben mit derselben Meinung nur einen Wert von 8 und Menschen in Malaysia sogar nur eine zurückhaltende 7. Auch in Polen und Norwegen[4] neigt man offenbar nicht zur Euphorie. Dort werden die Werte 9 und 10 so gut wie nie vergeben. Auch wir Deutschen sind eher verhalten – und antworten auf die Frage nach der Weiterempfehlung am häufigsten mit einer 7 oder 8. Oder wie man hierzulande gern meint: „Nicht geschimpft ist doch genug gelobt!“. Gut, wenn man solchermaßen emotional Untertemperiertes kulturell richtig einzuordnen weiß. Zumal es Schlimmeres gibt als Leidenschaftslosigkeit oder gar die Rückmeldung, dass der Kunde nicht im Traum an eine Weiterempfehlung denken würde.

Liebesbeweise

Schließlich ist jede Reaktion besser als totale Gleichgültigkeit. Auch ein negatives Feedback zeigt ja immerhin, dass da ein grundsätzliches Interesse an Verbesserungen, am Fortbestand der Beziehung besteht. Zumal man gerade dann mal zeigen kann, wie viel einem auch und gerade am enttäuschten Kunden liegt. Denn diese sind nachweislich zufriedener, wenn ihr Problem gelöst wird, als wenn sie überhaupt keines gehabt hätten. Man spricht auch vom „Beschwerdeparadoxon“. So ist eines dann doch in allen Kulturen gleich, möchte man in jedweder Beziehung und überall auf der Welt doch vor allem eines wissen: Geht der andere auf meine Bedürfnisse ein? Ist er bereit, mir Aufmerksamkeit zu schenken? Zu ändern, was mich stört? Fällt die Antwort positiv aus, ist das am Ende tatsächlich der universelle Liebesbeweis. Einer der überall als solcher verstanden und geschätzt wird.

---

[1] Clotaire Rapaille: „Der Kultur-Code: Was uns trennt, was uns verbindet“, Goldmann 2007, S. 137.
[2] https://www.business-wissen.de/artikel/produktmanagement-wo-fettnaepfchen-bei-der-internationalen-markeneinfuehrung-lauern/
[3] Clotaire Rapaille: „Der Kultur-Code: Was uns trennt, was uns verbindet“, Goldmann 2007, S. 31.
[4] https://www.zenloop.com/de/blog/net-promoter-score-hub/

Abbildungsverzeichnis

S. 2–3 Lena Mirisola / Getty Images
S. 4–5 John Rowley / Getty Images
S. 6–7 Westend61 / Getty Images
S. 8–9 RapidEye / Getty Images
S. 10 Deutsche Telekom AG
S. 21, 28 Deutsche Telekom Service GmbH
S. 35 Bain & Company
S. 36–37, 41 T-Mobile US
S. 47 2HMforum.
S. 48–49, 51 Stefan Goerke
S. 56 Deutsche Telekom AG
S. 60–61, 67 Andreas Klingenberg / Annette Bruce
S. 70–71 Marcus Simaitis
S. 76 Kristi Create / Shutterstock
S. 79 Vaya Wieser-Weber
S. 80–81 David Marcu / Unsplash
S. 82 Christian Götting
S. 84 groß: Globetrotter / Jonas Skorpil, klein: Globetrotter
S. 86, 91 Florian Weichselbaumer
S. 88 Viktor Strasse
S. 92–93 Westend61 / Getty Images
S. 95 Simone Sachsenhauser Photography
S. 96 Doris Herzel
S. 97 Mike Kleinemaß
S. 98 links: Lukas Marderner / We Are Era, rechts: Dominik Osswald
S. 100 J Studios / Getty Images
S. 109 Finastra
S. 111, 119 Samsung
S. 120 Mike Henning
S. 127 Ilayda Cuvalci
S. 128 Avast
S. 132 Repplinger
S. 136–137 ConnectVector / Shutterstock
S. 141 Peter Yang, ServiceNow
S. 142 sesame / GettyImages
S. 151 David S. Duncan
S. 152–153 Andrew Derr / Shutterstock
S. 154 coffee hop / Shutterstock
S. 157 Lucky Graphic / Shutterstock
S. 158 Tartila / Shutterstock
S. 162 Tooga / Getty Images
S. 166 80's Child / Shutterstock
S. 167 Handelsverband Deutschland
S. 168–169 links: Dan Avila / Hurtigruten, oben und rechts: TUI, unten: ROBINSON
S. 170–175 ugljesa / Shutterstock
S. 176 Hein Nouwens / Shutterstock
S. 178–181 OBI
S. 185 Hase Bikes
S. 186 Christian Geisler, meerfreiheit
S. 189 Max-Planck-Gesellschaft, München
S. 190–191 Vector Tradition / Shutterstock & son Photo / Shutterstock
S. 196 Hans-Georg Häusel
S. 202–203 We Are / Getty Images
S. 208, 213 Coline Repp
S. 214 Klaus Vedfelt / Getty Images

Impressum

Frankfurter Allgemeine Buch

Herausgeber
Dr. Ferri Abolhassan
Deutsche Telekom Service GmbH
Friedrich-Ebert-Allee 71–77
53113 Bonn

Chefredaktion & Umsetzung: Tatjana Geierhaas

Text: Kim Berg, Christina Dier, Yvonne Dudon, Tatjana Geierhaas, Michael Hasenpusch, Gian Hessami, Hajo Hoffmann, Stefanie Hutschenreuter, Constanze Kleis, Klaus Lüber, Thorsten Rack, Thomas van Zütphen, Jutta Witte

Layout, Design & Illustration: 3st kommunikation GmbH, Mainz
Bildredaktion: 3st kommunikation GmbH, Mainz

Projektkoordination: Fazit Communication GmbH, Frankfurt am Main

Druck: Gutenberg Beuys Feindruckerei GmbH, Langenhagen

Printed in Germany

1. Auflage, Frankfurt am Main 2023
ISBN: 978-3-96251-155-5

Klimaneutral
Druckprodukt
ClimatePartner.com/10951-2301-1005

Weitere Bücher des Herausgebers

200 Seiten, Broschur
€ 20,- (D) | € 20,50 (A)
Verlag: Frankfurter Allgemeine Buch
ISBN 978-3-96251-131-9
Erschienen: April 2022

Re-Invent

Warum wir uns für unsere Kunden immer wieder neu erfinden müssen

Ebenso wie die Welt sich immer schneller verändert, verhält es sich auch mit den Bedürfnissen der Kunden. Der gesellschaftliche Wandel durchdringt alle Bereiche unseres Lebens und Arbeitens – und wirkt sich unmittelbar auf die Anforderungen an Produkte und Dienstleistungen aus. Für Verbraucher steht längst nicht mehr nur der Nutzen eines Produktes oder Services im Vordergrund. Aspekte wie Nutzerfreundlichkeit, Nachhaltigkeit, Schnelligkeit und Werteorientierung gewinnen zunehmend an Bedeutung. So gilt es für Unternehmen, das eigene Portfolio, Prozesse, Kultur und Arbeitsweisen über die gesamte Wertschöpfungskette hinweg permanent zu hinterfragen und konsequent am Kunden auszurichten. Das bedeutet, Innovationen im Zuge einer umfassenden Transformation voranzutreiben und die Bereitschaft, sich an vielen Stellen neu zu erfinden. Wie aber schaffen es Unternehmen, sich an veränderte Rahmenbedingungen anzupassen und dabei den Wünschen ihrer Kunden stets einen Schritt voraus zu sein? Mit seinem Buch „Re-Invent" gibt Dr. Ferri Abolhassan, Geschäftsführer Sales & Service der Telekom Deutschland, eine mögliche Antwort darauf.

Wissen. Macht. Spaß.

Die neue Fachlichkeit im Service

200 Seiten, Broschur
€ 18,- (D) | € 18,50 (A)
Verlag: Frankfurter Allgemeine Buch
ISBN 978-3-96251-104-3
Erschienen: Mai 2021

Die zunehmende Digitalisierung hat beträchtlich zu einem Wandel in der Arbeitswelt beigetragen. Das für Unternehmen relevante Wissen entwickelt sich exponentiell. Ausgehend vom Kundenservice beschäftigt sich Dr. Ferri Abolhassan, Sales- & Service-Chef der Telekom Deutschland, mit der Frage, wie Kundenorientierung und Fachkompetenz erfolgreich miteinander verknüpft werden können. Für ihn ist eine hohe Fachlichkeit, die an den ständig neuen Herausforderungen wächst, eine wichtige Voraussetzung, um begeisternde Kundenerlebnisse zu schaffen. Wie aber kommt man in einen Modus der permanenten Weiterentwicklung, wie verankert man Neugier, Wissenstransfer und lebenslanges Lernen in Unternehmen? Der Herausgeber hat 26 Expertinnen und Experten eingeladen, diese grundsätzliche Fragestellung aus ihrem Blickwinkel zu beleuchten. In Interviews und Impulsbeiträgen zeigen die Beitragenden auf, wo mögliche Hebel liegen, um Wissen zu generieren und zu teilen sowie Motivation für lebenslanges Lernen im Arbeitsalltag zu erzeugen.

Superkraft Mensch

Warum der Mensch im Service den Unterschied macht

176 Seiten, Broschur
€ 18,- (D) | € 18,50 (A)
Verlag: Frankfurter Allgemeine Buch
ISBN 978-3-96251-088-6
Erschienen: September 2020

Jahrzehntelang war Kundenservice in Unternehmen nur ein Kostenfaktor. So steht der Siegeszug der Callcenter stellvertretend für eine Ära, die sich nur an Effizienz ausgerichtet hat. Mit dem Ergebnis: Es wurde so viel wie möglich automatisiert und dabei der Kunde fast aus den Augen verloren. In quasi jeder Branche. Manchmal braucht Besinnung eben Zeit. Oder einfach „Andersdenker". Dr. Ferri Abolhassan, Servicechef der Telekom Deutschland, schaut nach vorn und dreht das Rad dabei gezielt zurück. Abgeleitet aus seiner eigenen Servicephilosophie stellt er in seiner Publikation den Menschen in den Mittelpunkt – den Kunden mit seinen individuellen Wünschen und Bedürfnissen, aber auch den Servicemitarbeiter mit seiner Erfahrung, Expertise und Empathie. Abolhassan ist überzeugt: Der Mensch ist die Superkraft, die im Service den Unterschied macht. In Zeiten der Digitalisierung mehr denn je. Ein Leitgedanke, um den sich dieses Bookazine dreht.